Orkanfluten

GEGEN INSELN, HALLIGEN UND KÜSTEN

ORKANFLUTEN

Georg Quedens

Ellert & Richter Verlag

Inhalt

Sturmflut

Die Menschen am Meer, auf Inseln und Halligen, hinter den Dünen und Deichen, leben mit dem Wind. Fast immer weht er, meistens von Westen her, und seine Stimme ist als Rauschen in der Meeresbrandung, als Pfeifen im Strandhafer, als Weinen in den Drahtzäunen der tischebenen Marschenfennen und als Stöhnen im windverbogenen Gebüsch ein ewiger Laut. Nur selten ist es windstill an der Küste, stehen die Wolken unbewegt am Himmel und liegt die Flut wie ein blanker Spiegel vor dem Deich und um die Inselwelt. Einige Male im Laufe eines Jahres aber holt der Wind zu einem mächtigen Atem aus, wenn sich in der Gegend zwischen Neufundland und Island Tiefdruckgebiete zusammenbrauen und mit zunehmenden Sturmstärken über den Nordatlantik nach Osten wandern. Dann wird das Rauschen der Brandung zum Gebrüll, die Dünen rauchen von aufgewirbelten Sandmassen, die Schiffe fliehen in die Häfen und halten sich im Auf und Ab der Wellen mit knarrenden Tauen an Dalben und Pollern fest. Bald sind die Fähranleger in den Küsten- und Inselhäfen überflutet, und der Fährverkehr zu Inseln und Halligen ist eingestellt, während die Besatzungen der Seenotrettungskreuzer ihr Ohr am Funkgerät haben, ob irgendwo ein Schiff in Seenot geraten ist.

Auf den Halligen blicken die Bewohner immer wieder aus den Fenstern, um das Kommen der Nordsee im Auge zu behalten. Erst schäumt die Brandung wie ein weißer Kranz um die Halligufer, dann tritt das graugrüne Gewoge der Wellen über die Ufer- und Grabenränder, bedeckt das grüne

Folgende Doppelseite: Orkanflut am 18. Oktober 1936 an der Strandpromenade von Westerland auf Sylt – eine der schwersten Sturmfluten des 20. Jahrhunderts. Die ab 1906 erbaute Strandpromenade ist zugleich Schutzmauer für die bis an die Stranddünen herangerückten Hotels. An dieser Schutzmauer haben seitdem viele Stürme ihre Kraft ausgetobt, sind haushohe Wasserwände aufgestiegen und haben die „Musikmuschel" zum Wackeln gebracht. Auch die dahinter liegenden Räume der Kurverwaltung wurden durch den „Blanken Hans" zerstört, zuletzt noch bei der Orkanflut am 16./17. Februar 1962.

Vorangehende Doppelseite:
Bei Sturmfluten melden
die Halligen „Land unter" –
wie hier Hallig Hooge.
Das niedrige Land ist überflutet, und die Nordsee
braust um die Warften,
künstliche Hügel, die nun
als Miniinseln im Wellen-
gewoge liegen. Bei ganz
hohen Orkanfluten werden
auch die Warften über-
flutet und Häuser zerstört,
müssen Menschen und
Vieh um ihr Leben bangen.
Erst durch die Schutzbau-
ten in den nach 1962 neu
errichteten Häusern leben
die Halligbewohner in
relativer Sicherheit.

Land und drängt sich nun um die Warften. „Wann ist Hochwasser?" lautet die immer wiederkehrende Frage, damit rechtzeitig die Stahlluken vor Türen und Fenstern dicht gemacht werden, sollte der „Blanke Hans" die Warften überfluten.

An den Flüssen und Sielen längs der Nordseeküste sind Sperrwerke und Siele geschlossen, ebenso in jenem Bereich des Hafengebietes von Hamburg, das unregelmäßig von Hochwasser heimgesucht wird.

Mit zunehmender Windstärke klappern die Fernsehantennen und melden mit steigender Lautstärke das Kommen und Gehen von Orkanböen. Äste brechen von den Bäumen, und in den Stuben flackert das Licht, weil irgendwo ein Stromleitungsmast umgefallen ist. Während aber Insulaner und Küstenbewohner mit Sorge die Gewalt der Witterung registrieren und an die Folgen, an Landverluste und Gebäudeschäden, denken, stemmen sich die Kurgäste gegen den Sturm, um die Großartigkeit des Naturschauspiels am Strand zu erleben. Brandungsschaum weht über die Promenade und durch die Straßen strandnaher Kurorte, und die Zunge schmeckt Salz. Die Augen tränen im Sturm, und das eigene Wort wird buchstäblich vom Munde geweht. Schaurig schön aber ist das Bild an den Promenaden- und Uferschutzmauern. Haushoch steigen die Wellen auf, wenn sie hier anschlagen, und der Boden erbebt unter den Füßen. Gewaltig wie das Meer sind auch die Wolkenbilder des Himmels. Blauschwarze Wände brauen sich über dem Horizont zusammen und ziehen bedrohlich heran. Eben

Am Dünenrand vor der Strandhalle auf Spiekeroog entstand am 28. November 1932 vormittags um elf Uhr diese historische Aufnahme. Die Wassermassen werden vom Dünensaum reflektiert und stoßen auf eine neue anrollende Welle.

Sturmsee an der Strandpromenade Wittdün/ Amrum. Die Steilwand der Uferschutzmauer fängt die heranstürmende Welle ab, sodass Wasser und Gischt haushoch aufsteigen und mit Getöse wieder in das Meer zurückfallen.

Folgende Doppelseite: An der Nordseeküste braut sich ein Unwetter zusammen und fällt mit blauschwarzen Wolkenwänden und zunehmender Windstärke über den Küstenraum. Längst haben sich alle Segler und Krabbenkutter in einen sicheren Hafen gerettet. Der Seegang wird heftiger und die Wellen setzen sich zunehmend Schaumkronen auf.

noch brach die Sonne durch eine Lücke im Sturmgewölk und tauchte das tobende Meer in ein unwirkliches, gleißendes Licht. Nun ist es plötzlich dunkel, und mit prasselndem Regenschauer überfällt die Wolkenwand die Küstenlandschaft. Ist der Schauer vorüber, folgt eine plötzliche Windstille. Aber der Sturm hat sich nicht ausgetobt, er holt nur neuen Atem für seinen nächsten Überfall. Längst erfährt man auch aus den Medien von dem Naturereignis. Das Deutsche Hydrographi-

Das unter Lebensgefahr aufgenommene Foto zeigt das Überschwappen der Wellen über die Deichkrone bei der Sturmflut von 1936 an der nordfriesischen Küste im Dockkoog bei Husum.

Orkanflut! Die Brandung schlägt über den Deich und droht ihn von innen her aufzureißen! So brechen die meisten Deiche – wie hier 1916 auf Nordstrand.

Vorangehende Doppelseite: An Uferschutzmauern und Strandpromenaden tobt sich die Sturmflutbrandung am eindrucksvollsten aus. Haushohe Wasserwände steigen auf.

sche Institut in Hamburg hat die von zahlreichen Küstenorten eingegangenen Meldungen über Windstärken und Wasserstände ausgewertet, die voraussichtliche Höhe des Sturmflutwasserstandes errechnet und an Fernseh- und Rundfunkanstalten weitergegeben. Je nach dem erwarteten Ernst der Lage wird dann in den Wetterberichten der Nachrichtensendungen oder – in seltenen Fällen – durch Unterbrechung des Programms eine Sturmflutwarnung ausgestrahlt. So nehmen die Menschen nicht nur am Meer, sondern auch im Binnenland bis hinunter nach Bayern am Geschehen teil.

Einen Tag, manchmal auch zwei, dauert ein Sturm, dann haben sich die Luftdruckverhältnisse zwischen dem Nordatlantik und dem osteuropäischen Festland ausgeglichen. Es wird Schadensbilanz gezogen. Im Mittelpunkt steht dabei in der Regel die Insel Sylt, wo die Bewohner und der Landesbetrieb Küstenschutz, Nationalpark und Meeresschutz (LKN) den erneuten Verlust von soundso viel Metern längs der Dünen- und Kliffkante am Sylter Weststrand registrieren. Aber auch die Föhrer Südküste hat Land verloren. Auf Pellworm und Nordstrand, an der Festlandsküste von Eiderstedt und Dithmarschen, an den Elbufern und in Hamburg, an Weser und Jade und hinter den Deichen Ostfrieslands wird wieder einmal die Frage nach der Sicherheit der Küstenschutzwerke gestellt. Auch die Strände und Strandpromenaden der Ostfriesischen Inseln haben die Wut der Sturmflutwellen gespürt. Dann plötzlich haben sich Wind und Aufregung gelegt, und es folgt die Stille nach dem Sturm.

Sturmfluten gehören zu den regelmäßigen, allerdings nicht vorhersehbaren Naturereignissen an der Nordseeküste. Sie haben mit ihren gelegentlich verheerenden Folgen und dem Zwang, sich vor ihnen zu schützen, die Geschichte dieses Küstenraumes seit jeher geprägt, und dies gilt bis in die Gegenwart.

Sturmfluten entstehen durch den Wind, wobei Richtung und Stärke entscheidend sind. Weht der

Folgende Doppelseite:
Die unbefestigten und ungeschützten Dünenküsten der ost- und nordfriesischen Inseln werden bei Sturmfluten am heftigsten angegriffen und durch die Sturmseen in wenigen Stunden um bis zu 30 Meter zurückgesetzt, wobei strandnahe Gebäude bis an die Abbruchkante heranrücken und beseitigt werden müssen. So wie hier der Dünenabbruch auf Sylt an der Hörnumer Odde sieht es überall auf den Düneninseln aus.

Abbildung Seite 22/23:
Molen und Brücken ragen am weitesten hinaus in die See und müssen die Sturmseen des „Blanken Hans" am heftigsten ertragen.

Spätestens am Abend des 16. Februar 1962, als die Flut vor Cuxhaven alarmierend hoch aufläuft und sich wie eine Bugwelle in Richtung Hamburg drängt, steht fest, dass die Hansestadt in Gefahr ist. Hamburg und auch das Land an der Elbe hinter den Deichen glauben sich sicher – zu sicher. Deichbruch bei Cranz im Alten Land.

Sturm aus Nordost, Ost, Südost oder Süd, dann melden wohl die Küsten der Ostsee und Ostenglands höhere Fluten, aber längs der deutschen Nordseeküste treiben Stürme aus diesen Richtungen das Wasser vom Land weg und verursachen ungewöhnlich tiefe Niedrigwasserstände. Nur bei Stürmen aus Südwest bis Nordwest treten Sturmfluten auf. Südweststürme stauen die Flut besonders hoch gegen die schleswig-holsteinische Küste und gegen Inseln und Halligen im nordfriesischen Wattenmeer auf, während bei Nordwest der Aufstau in der Elbe bis Hamburg, an der niedersächsischen Küste und im Bereich der Ostfriesischen Inseln am höchsten ist. Nicht selten aber weht der Sturm zunächst aus Südwest und dreht dann mit dem ostwärts ziehenden Tief auf Nordwest, sodass die ganze Nordseeküste gleichermaßen betroffen ist.

Doch die Höhe einer Sturmflut hängt auch noch von anderen Faktoren ab. Höchste Wasserstände sind zu erwarten, wenn der Sturm schon an den Vortagen auf dem Atlantik tobte und „Fernwellen" in die Nordsee dringen. Entscheidend ist auch, wie lange der Sturm dauert, wie groß also der damit verbundene „Windstau" ist. Gefährlich wird es, wenn der Sturm schon vor Niedrigwasser in voller Stärke weht, sodass er den Rücklauf der Ebbe behindert und dann während der Flut bis über die Hochwasserzeit hinaus mit unverminderter Heftigkeit aktiv bleibt. Besondere Gefahr aber droht, wenn die genannten Umstände während einer Springtide auftreten. Sie entwickelt sich alle 14 Tage unmittelbar nach Neu- und nach Vollmond, wenn zur Anziehungskraft des Mondes noch die der Sonne kommt. Die Flut läuft dann ohnehin einen halben Meter höher als das mittlere Tidehochwasser auf. Die Addition dieser Erscheinungen führt zu den gefürchteten Orkanfluten, die allerdings nur alle 30, 50 oder 100 Jahre zu erwarten sind.

Wesentlich für die Zerstörungen im Gefolge von Sturm- und Orkanfluten ist nicht die bloße Höhe des Höchstwasserstandes, die „Scheitelhöhe", sondern die Heftigkeit des Windes. Die Windstärke bestimmt die Höhe der Wellen und damit ihre Zerstörungskraft. Ein Kubikmeter Salzwasser hat ein Gewicht von etwa einer Tonne, und unvorstellbar ist die Gewalt, wenn eine bis zu 50

Folgende Doppelseite: „Strandpromenaden" werden die mächtigen Mauern genannt, auf deren Plattformen im Sommer Kurgäste flanieren. Aber jede Strandpromenade ist in allererster Linie eine Uferschutzmauer, errichtet, um die dahinterliegende Küste – nicht selten mit umfangreichen Hotels und Logierhäusern bebaut – zu schützen. Besondere Naturschauspiele bieten die Strandpromenaden bei Sturmfluten, wenn die heranstürmenden Wellen an den Mauern plötzlich gebremst oder zurückgeworfen werden und zu haushohen Gischtwänden aufsteigen.

Abbildung Seite 28/29: Bei hohen Orkanfluten brandet die Nordsee über die Halligwarften hin, zerstört Häuser und bedroht das Leben der Halligleute. Hier liegt die Kirche der Hallig Langeneß Ende 1981 in der Nordseebrandung – eine Aufnahme, die dem damaligen Pastor Jaeger gelang. Die Wellen schlugen auch in den Kirchenraum und warfen auf dem Friedhof etliche Grabsteine um.

Ein großer Teil des Stadtgebietes von Hamburg
südlich der Elbe wurde bei
der Sturmflut vom 16./17.
Februar nach Deichbrü-
chen überflutet, insbesondere der Stadtteil Wil-
helmsburg, wo über 300
Menschen ihr Leben verlo-
ren. Bundeswehr, Feuer-
wehr, Technisches Hilfs-
werk und Freiwillige waren
bis zur Erschöpfung im
Einsatz.

Meter lange, bis zu 20 Meter breite und bis zu
fünf Meter hohe Welle gegen eine Strandpromenade, gegen einen Deich oder eine Dünenkante
stürzt.

Über die Höhe von Sturmfluten machen sich die
Menschen aus dem Binnenland oft dramatische
Vorstellungen. Flüsse im Landesinneren steigen
nach konzentrierten Regenfällen und nach der
Schneeschmelze aber viel stärker an als das
Meer bei schwersten Orkanfluten an der Küste.
Bekanntlich stieg der Rhein im Januar 1995 mehr
als sieben Meter über Normal (ca. 10,60 Meter
über Pegel-Null). Eine derartige Fluthöhe an der

„Das Land ist unser, unser soll es bleiben", dichtete Theodor Storm. Seit dem 11. Jahrhundert schützen die Küstenbewohner ihre Heimat durch Deiche, die mit Tausenden von Kilometern heute zu den größten Werken der Menschheit gehören. Neuzeitliche Deiche halten hinsichtlich Breite und Höhe allen denkbaren Sturmfluten stand.

Nordseeküste würde bedeuten, dass alle Deiche meterhoch überflutet und die gesamte Norddeutsche Tiefebene samt Inseln und Halligen mit Ausnahme von Sylt, Amrum, Helgoland und einigen Einzeldünen auf den Ostfriesischen Inseln in der Nordsee verschwunden wären.

Bei schweren Orkanfluten steigen die Pegel in den Häfen drei oder dreieinhalb Meter über das mittlere Hochwasser. Nur in Buchten wie Dollart, Jadebusen, Weser- und Elbmündung sowie in der Husumer Bucht im nordfriesischen Wattenmeer gibt es einen Buchtenaufstau von bis zu vier Metern.

Folgende Doppelseite: Bei Sturmfluten an der Nordseeküste werden Hafenanlagen und Fähranleger überflutet. Die Nachrichten melden dann, dass der Schiffsverkehr zu Inseln und Halligen eingestellt worden ist. Die Fährschiffe können ihre Passagiere weder an Bord nehmen noch von Bord lassen. Sie kriegen nasse Hosen und Hintern! Aber auch der Wellengang lässt keine sichere Schifffahrt zu. Fähranleger Wittdün/ Amrum bei Sturm.

Das Meer
frisst
das Land

Die geologische Situation an der Nordseeküste wurde und wird bestimmt von dem Wechselspiel der Zerstörung und der Neulandbildung, wobei aber – über Jahrtausende gesehen – die Zerstörung überwog und erst in den letzten Jahrhunderten, insbesondere durch die technische Entwicklung des 20. Jahrhunderts, der Zugewinn an Poldern, Kögen und Binnengroden die Landverluste übertraf.

Bis ins Mittelalter wurden Werden und Wandel an der Nordseeküste geprägt von Vorgängen, die ganzen Völkerschaften die Heimat raubten, sie zur Auswanderung zwangen und Zigtausende von Menschen das Leben kosteten. So wurde schon früh im Gefolge großer Sturmfluten die Nordsee als „Mordsee" bezeichnet. Doch die Sturmfluten sind nur die dramatischen Höhepunkte einer Entwicklung, die sich still und kaum merklich, aber unaufhaltsam vollzieht: des nacheiszeitlichen Anstiegs des Meeresspiegels.

Die Naturgeschichte verzeichnet vier nachweisbare Eiszeiten während der letzten zwei Millionen Jahre, unterbrochen durch Warmzeiten. Bis heute sind diese Ereignisse ein Rätsel der Natur geblieben. Die letzte Eiszeit ging vor etwa 20 000 Jahren zu Ende. Die bis zu 3000 Meter mächtigen Gletscher, die den Norden und Süden der Erdkugel bedeckten, die alpinen Täler füllten und einen großen Teil der irdischen Wassermenge in sich eingefroren hatten, tauten ab, und reißende Ströme flossen zu den Weltmeeren. Seitdem hat sich der Meeresspiegel weltweit um über 80 Meter gehoben, nach Schätzungen einiger Geologen sogar um bis zu 120 Meter. Der Anstieg des Meeresspiegels

Folgende Doppelseite: „Land unter" wird die Überflutung des niedrigen Halliglandes genannt – ein Zustand, der bei Sturmfluten im Laufe eines Jahres bei besonders tiefliegenden Halligen bis zu 30-mal zu erwarten ist. Deshalb müssen alle Häuser auf Warften, künstlichen Hügeln, liegen, deren Bau schon in den ersten Jahrhunderten der Zeitrechnung begann, erzwungen durch den nacheiszeitlichen Anstieg des Meeresspiegels. Die Anlage einer Warft erforderte eine sorgfältige Planung hinsichtlich des Regenwasserbrunnens und des „Feetings" für die Viehtränke und bedingte eine riesige Erdarbeit mittels Schubkarre.

Weit vor unserer Zeitrechnung, aber auch noch in
den ersten Jahrhunderten
danach gehörten weite
Gebiete, in denen sich
heute Nordsee und
Wattenmeer erstrecken
und Ebbe und Flut regie-
ren, zum Festland. Der
Husumer Kartograf Johan-
nes Mejer hat um 1640
eine Rekonstruktion
früherer Landgebiete ver-
sucht.

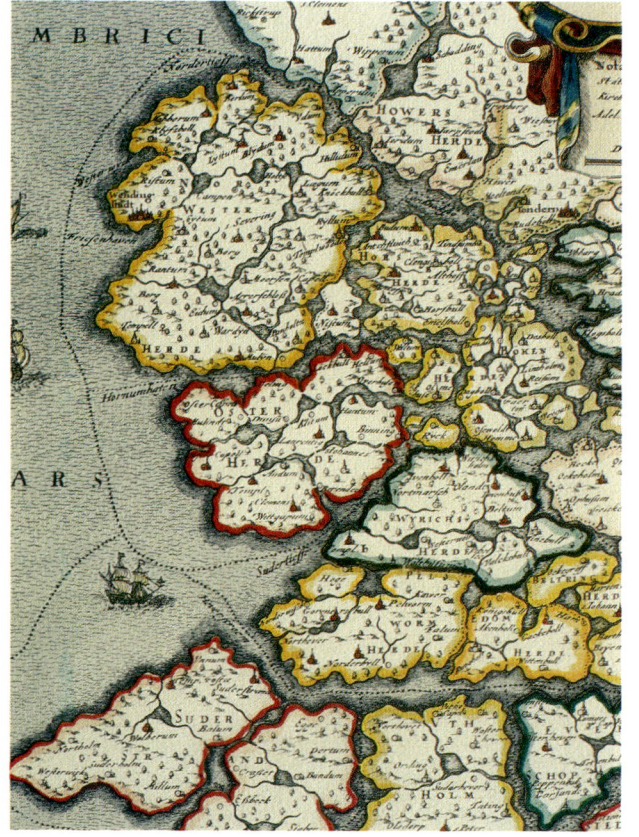

verlief in den ersten Jahrtausenden der nacheiszeitlichen Warmzeit sehr rasch, kam kurz vor
Beginn unserer Zeitrechnung zum Stillstand und
setzte sich dann in einer abgeflachten Kurve bis
heute fort. Ein vorübergehender Stillstand, ja vermutlich ein Absinken des Meeresspiegels führte
kurz vor Beginn unserer Zeitrechnung dazu, dass
sich durch Ablagerung von Schlick umfangreiche
Küstenmarschen herausbildeten. Auch nach der
Zeitenwende hat es noch solche kurzfristigen

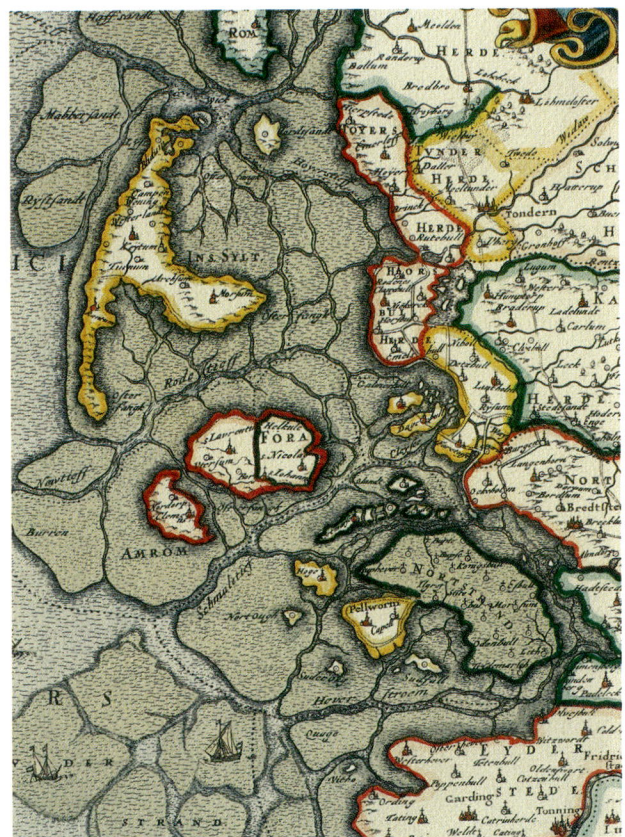

Genauer ist die Karte von demselben Johannes Mejer, die den Zustand zu seiner Zeit, also um 1640, darstellt. Frühere Landflächen sind versunken, eine zerrissene Welt von Inseln und Halligen hat sich herausgebildet. Auch die Meereseinbrüche in die Festlandsküste sind nur teilweise bedeicht.

Stillstands- und Senkungsperioden gegeben. Gleichzeitig kam es zu einer in ihrer Höhe unter den Wissenschaftlern allerdings umstrittenen Landsenkung im norddeutschen Raum – eine Folge dessen, dass sich das vom Eisdruck entlastete Land in der skandinavischen Region hob, während die Aufwölbung des Erdmantels im Bereich der norddeutschen Küste zurückging. Der Anstieg der vom Eise befreiten skandinavischen Landmassen ist noch heute nachweisbar.

Rechts: Nach der Orkanflut 1962. Das einzige Haus auf der Neu-Peterswarft (Hallig Langeneß) liegt in Trümmern und wurde nicht wieder aufgebaut. Die Bewohner, ein Ehepaar mit Kleinkind, retteten sich hinaus auf einen Heuhaufen.

Folgende Doppelseite: Die anstürmenden Sturmflutwellen verleiten einige ganz „Mutige", der Naturgewalt die Stirn zu bieten und erst im letzten Augenblick vor der Welle zu fliehen. Von der Welle erfasst, wären sie vermutlich verloren, denn auf einem Kubikmeter Salzwasser lastet ein Gewicht von etwa einer Tonne, und gewaltig ist die Kraft des Rücklaufes der gegen die Küste gebrandeten Wassermassen.

Gegenwärtig wird in den Medien eine fortdauernde Diskussion darüber geführt, in welchem Umfang der Mensch durch seine Industrie- und Autoabgase die Erwärmung des Erdklimas zusätzlich fördert und damit auch den Anstieg des Meeresspiegels forciert, sodass in kommenden Jahrhunderten niedrig liegende Küstenländer wie Holland oder auch Bangladesch unrettbar im Meer verschwinden werden und an der deutschen Nordseeküste Milliardensummen für den verstärkten Küstenschutz aufgewendet werden müssen. Wir wollen uns in diese Diskussion nicht einmischen, stellen aber fest, dass auch dem Küstenschutz Grenzen gesetzt sind. Die großen Marscheninseln Pellworm und Nordstrand liegen in weiten Bereichen schon jetzt unter dem Niveau des mittleren Hochwassers – sie werden sich ebenso wenig wie die niedrigen Halligen schützen lassen. Und an der Festlandküste wird man die Deiche wegen des teilweise moorigen Untergrundes nicht überall weiter erhöhen können. Vielmehr muss ein Wegsacken von Deichstrecken befürchtet werden. Dass der Kirchturm von Pellworm anno 1611 einstürzte und etliche Kirchtürme in den westostfriesischen Küstenmarschen schief stehen, deutet auf diese Problematik hin. Höhere Wasserstände bedingen aber auch schwerere Sturmfluten mit höherer Brandung, sodass auch die hohen Geest- und Düneninseln, vor allem Sylt, in große Gefahr geraten, wenn sich der Anstieg des Mitteltidehochwassers mit den gegenwärtigen Werten fortsetzt.
Wasserstände werden in Amsterdam seit anno

Die Orkanflut 1962 hat den Friedhof der Hallig Hooge verwüstet. Die Grabsteine sind von ihren Plätzen geworfen und liegen zerbrochen durcheinander. Nur das schlichte Holzkreuz des „Heimatlosen" hielt der Brandung stand, aber auch die Grabsteine der Hallig Nordstrandischmoor, weil diese gleich auf den Boden gelegt wurden und die Wellen darüber hingingen.

1700, an der deutschen Nordseeküste seit Mitte des 19. Jahrhunderts aufgezeichnet. Heute sind hochempfindliche Schreibpegel installiert, die den Wasserstand als tägliche Tidekurve zwischen Niedrigwasser und Hochwasser auf einer Papierrolle, auf Lochstreifen oder Magnetband aufzeichnen. Die regelmäßige Registrierung der Wasserstände in Cuxhaven datiert zurück auf das Jahr 1841. Hier wurde bis Mitte der zwanziger Jahre des 20. Jahrhunderts ein Anstieg des Hochwassers um etwa 20 Zentimeter festgestellt. Der Pegel am Seezeichenhafen Amrum meldet sogar in der Zeit von 1950 bis 1990 ein Ansteigen des Mitteltidehochwassers um 24 Zentimeter, doch muss bei solchen Daten auch die Möglichkeit in Betracht gezogen werden, dass die Pegelanlage selbst abgesackt ist.

Erste schriftliche Zeugnisse über den Zustand an der heutigen deutschen Nordseeküste stammen aus dem ersten Jahrhundert unserer Zeitrechnung. In den Jahren 47 und 58 n. Chr. besuchte der römische Geschichtsschreiber Plinius der Ältere die Nordseeküste, wo damals der Volksstamm der Chauken wohnte, und berichtete: „Zweimal in 24 Stunden überflutet der Ozean mit starker Brandung die Küste, sodass man nicht sagen kann, ob sie zum Land oder Meer gehört. Hier wohnt ein unglückliches Volk auf Erdhügeln oder Gerüsten, die es sich nach den Erfahrungen der höchsten Flut gebaut hat. Zur Flutzeit gleichen sie Seefahrern, Schiffbrüchigen bei Ebbe. Bei Ebbe machen sie Jagd auf die mit dem Meere fliehenden Fische. Vieh zu halten und von Milch zu leben ist ihnen nicht vergönnt, ja nicht einmal Wild zu jagen. Denn rings ist kein Baum und Strauch. Aus Reet und Binsen flechten sie Netze, und mit den Händen wühlen sie Schlamm aus, den sie mehr im Winde als an der Sonne trocknen. Damit kochen sie ihr Essen und wärmen ihre Leiber. Ihr einziges

Der Orkan mit Windstärken bis 14 riss in der Nacht vom 16. zum 17. Februar 1962 etliche Schiffe von ihren Verankerungen und aus den Häfen, die umhertrieben und schließlich strandeten – zum Beispiel Wyker Miesmuschelkutter auf dem Deich von Dagebüll, Krabbenkutter auf dem Deich von Westerhever und hier ein Krabbenkutter im Lee des Pastorates auf der Kirchwarft der Hallig Hooge.

45

Getränk ist Regenwasser, welches sie in Gruben vor ihren Häusern auffangen ...“
Plinius sah keine Deiche, wohl aber Warften, die schon damals zum Schutz gegen Sturmfluten notwendig waren. In einer anderen Beschreibung werden treibende Erdschollen mit Bäumen erwähnt – offenbar Landstücke, die durch eine Sturmflut losgerissen worden waren. Diese Textstelle gibt einen Hinweis auf die Auflösung des Küstenlandes durch das steigende Meer. Grabungen an Wurten beziehungsweise Warften in der ostfriesischen und westfriesischen Küstenmarsch ergaben, dass um etwa 500 bis 600 n. Chr. die Wohnhügel erstmals erhöht werden mussten, ein weiteres Mal im 9. Jahrhundert. Und über die Auflösung der nordfriesischen Küste informiert uns das anno 1231 angelegte „Erdbuch“ von König Waldemar, das Sylt, Föhr und Amrum schon als Inseln und daneben etliche Halligen benennt. Das „Erdbuch“ über die Besitztümer und Steuereinkünfte des dänischen Königshauses berichtet auch von „Salzsiedereien“ im Bereich des heutigen nordfriesischen Wattenmeeres. Die im 8. Jahrhundert in diesen Landschaftsraum eingewanderten Friesen machten spätestens im 11. Jahrhundert die Entdeckung, dass der im Watt und unter der Küstenmarsch lagernde Torf durch frühere Überflutungen mit Salz angereichert war, und erfanden ein Verfahren, ihn abzubauen, zu trocknen, zu verbrennen und aus der Asche eine Salzsole zu bereiten, von der nach Verdunstung des kochenden Wassers das kristallisierte Salz zurückblieb. Für den Handel und für die Konservierung der Fisch-

Die Strandpromenade von Borkum und der Musikpavillon haben manche Sturmflut und manche „Brandungs-Dusche" ertragen.

Sturmflut am Januskopf auf Norderney. Die Brandung schäumt über die rund gewellte Promenade, deren Profil der See wenig Widerstand, damit aber auch wenig Angriffsmöglichkeiten bietet.

fänge war dieses Salz von unschätzbarer Bedeutung, und noch heute findet man überall im Watt Spuren des Torfabbaus. Durch ihn wurde jedoch das Landniveau um mehr als einen Meter tiefer gelegt, und so trugen die Salzsieder ungewollt zum Untergang des eigenen Lebensraums bei.

Von jener Zeit berichtet auch eine Landschaftsrekonstruktion des Husumer Mathematikers und Kartografen Johannes Mejer, angefertigt um 1640 zur „Danckwerthschen Landeskunde". Diese Karte, heute noch in einer Reproduktion im Han-

Durch die Sturmflut vom Februar 1962 wurde die Sylter Küste um zehn bis 20 Meter zurückgesetzt, und bei Hörnum und hier bei Westerland fielen Häuser – ihres Untergrundes beraubt – auf den Strandfuß.

Sturmfluten gibt es gelegentlich auch im Sommer. Dann haben die Strandkorbwärter alle Beine und Hände voll zu tun, um in den wenigen Stunden zwischen Sturmflutwarnung und Sturmflut Hunderte von Strandkörben in Sicherheit zu bringen. Was nicht immer gelingt, denn sommerliche Sturmfluten treten oft plötzlich und unerwartet auf.

del, soll „Nordfriesland bis an das Jahr 1240" zeigen mit Landflächen samt Ortschaften, die weit über die Grenze des heutigen Wattenmeeres in die Nordsee reichen. Diese Karte wird von Forschern heute allerdings weitgehend als Fantasieprodukt angesehen. Insbesondere die Ortsnamen sind teilweise willkürlich erfunden und platziert. Ebenso sagenhaft, aber doch durch einige Hinweise belegt ist die Insel Burchana vor der Emsmündung im ostfriesischen Wattenmeer. Später ist an dieser Stelle von der Insel Bant die Rede, deren letzte Reste noch um 1580 vorhanden waren. Erst im 16. und 17. Jahrhundert wird die Kartografie des Küstenraums genauer, Chronisten berichten detaillierter von Sturmfluten und Landverlusten.

Doch die großen Veränderungen geschahen vor dieser Zeit. Spätestens zwischen dem 11. und 15. Jahrhundert brachen an der ostfriesischen Küste der Dollart, die Leybucht, die Harlebucht und der Jadebusen ein, wobei das Jeverland und Butjadingen auseinandergerissen wurden. Und überall verschwanden Dörfer in den Fluten, deren Namen in den Bezeichnungen von Sielen und Wattenplaten bis heute überliefert sind. Vor der Küste von Dithmarschen verschwanden einige Inseln, darunter jene, die das alte Büsum trug:

„Ol Büsen liggt int wille Haff,
de Floth de keem un wöhl en Graff."

Im Bereich der Nordfriesischen Inseln wurde schon im Mittelalter die Insel Sylt durch ständigen Abbau der Inselgeest betroffen. Das alte List und der Friesenhafen Wenningstedt verschwanden im 14. Jahrhundert in den Fluten, ebenso die Vorläufer von Rantum und am Anfang des 15. Jahrhunderts das Kirchspiel Eidum, Vorläufer des späteren Dorfes Westerland. Mehr als andere Ereignisse aber haben sich der Untergang von Rungholt anno 1362 und der Untergang von Alt-Nordstrand 1634 in das Bewusstsein der Küstenbevölkerung eingeprägt.

Der Untergang
von Rungholt
und Alt-Nordstrand

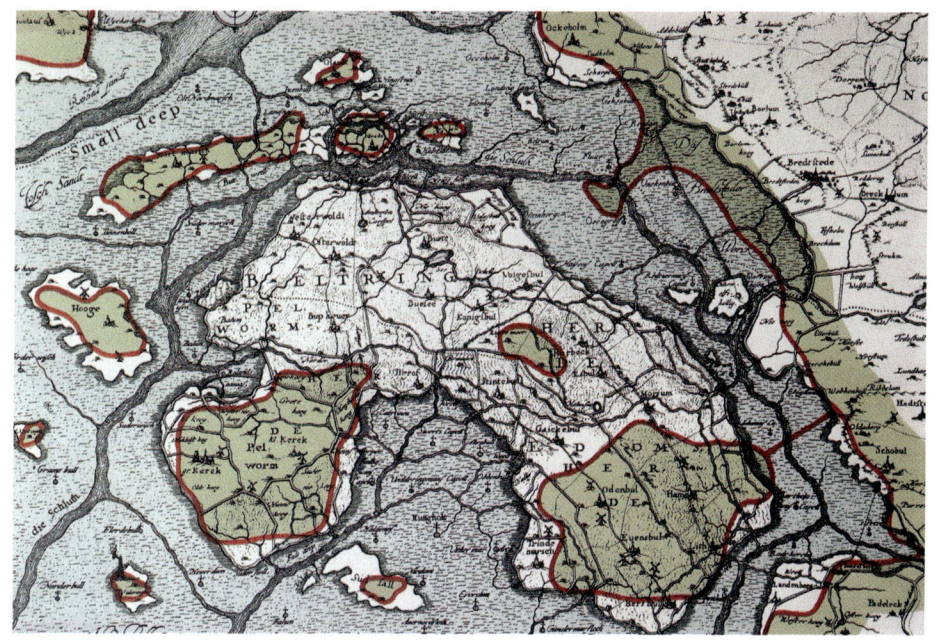

Nur wenige Sturmfluten an der Nordseeküste haben bei den Menschen einen solchen Eindruck hinterlassen wie jene, die am 16. Januar 1362 den Untergang des damals bedeutendsten nordfriesischen Hafenortes Rungholt verursachte, und das, obwohl es keine Originalüberlieferungen von dem Geschehen gibt: Rungholt ist vor allem durch den Dichter Detlev von Liliencron bekannt geworden. Seine Dichtung „Trutz, blanke Hans" stand lange Zeit in allen Schullesebüchern und machte Generationen mit dem Schicksal des Hafenortes und mit der „Mordsee" bekannt. Die Dramatik dieses Gedichtes fesselt auch heute noch, wie einige Strophen beweisen mögen:

Die Insel Strand, später Alt-Nordstrand genannt, war etwa 220 Quadratkilometer groß und hatte 22 Kirchspiele mit etwa 8800 Einwohnern. Am 11. Oktober 1634 wurde sie durch eine Sturmflut auseinandergerissen; nur die heutigen Reste Pellworm und Nordstrand sowie die Hallig Nordstrandischmoor blieben erhalten.

Heut bin ich über Rungholt gefahren.
Die Stadt ging unter vor fünfhundert Jahren.
Noch schlagen die Wellen da wild und empört,
Wie damals, als sie die Marschen zerstört.
Die Maschine des Dampfers zitterte, stöhnte,
Aus den Wassern rief es unheimlich und höhnte:
Trutz, blanke Hans.

Von der Nordsee, der Mordsee, vom Festland
geschieden,
Liegen die friesischen Inseln in Frieden.
Und Zeugen weltenvernichtender Wut,
Taucht Hallig auf Hallig aus fliehender Flut.
Die Möwe zankt schon auf wachsenden Watten,
Der Seehund sonnt sich auf sandigen Platten.
Trutz, blanke Hans.

Ein einziger Schrei – die Stadt ist versunken,
Und Hunderttausende sind ertrunken.
Wo gestern noch Lärm und lustiger Tisch,
Schwamm andern Tags der stumme Fisch.
Heut bin ich über Rungholt gefahren,
Die Stadt ging unter vor fünfhundert Jahren.
Trutz, blanke Hans?

Liliencron war in den Jahren 1882/83 Hardesvogt,
also Amtsvorsteher auf der Insel Pellworm, der
„Blanke Hans" eine schon im frühen Mittelalter
bekannte Bezeichnung für die stürmische Nordsee. Rungholt aber war keine Stadt, sondern nur
ein wichtiger Hafenort für die Ausfuhr von Vieh,
Getreide und Salz, zuletzt noch belegt durch ein
Testament aus dem Jahr 1345. Der Ort lag nord-

westlich der heutigen Hallig Südfall nahe dem
großen Heverstrom. Er wurde ergänzt durch eine
kleinere Ortschaft direkt am Siel und stand vermutlich in Zusammenhang mit dem Ort Niedamm
am Ufer der Hever.

Rungholt blieb lange Zeit nur in der Legende
lebendig. Eine Sage, überliefert durch den Chronisten Pastor Anton Heimreich, erzählt, dass die
reichen und übermütigen Rungholter den Untergang ihres Ortes durch Gottes Zorn verursachten,
als sie einen Priester baten, einem Sterbenden
die Sakramente zu geben, dieser aber nur ein
betrunken gemachtes Schwein im Bett fand.
Daraufhin bat der Priester Gott um ein Strafge-
richt, und dieses traf Schuldige wie Unschuldige
– wie Sturmfluten seinerzeit vielfach als Strafge-
richte dargestellt wurden, um Bußfertigkeit und
Spendenbereitschaft der Bevölkerung zu fördern.
Nur der Priester und zwei Jungfrauen sollen dem
Untergang von Rungholt entronnen sein. Im Jahr
1921 wurde Rungholt neu entdeckt, als Arbeiter
des Küstenschutzamtes etliche Kulturspuren im
Watt bei Südfall fanden. Und es war dann insbesondere der Nordstrander Landwirt und Laienfor-
scher Andreas Busch, der auf unzähligen Wegen
durch das Watt die Spuren vermaß, fotografierte
und kartierte. Beispielsweise wurden über 100
Brunnen, geschichtet aus Kleisoden, entdeckt,
sodass eine Häuserzahl von etwa 200 für Rungholt und Umgebung geschätzt wird. Ein Teil dieses Hafenortes blieb und bleibt der Nachwelt
jedoch verborgen. Er liegt unter der später darüber aufgelandeten Hallig Südfall.

Augenzeugenberichte über den Untergang von Rungholt, gelegen in der Edomsharde der alten Landschaft Strand, liegen, wie erwähnt, nicht vor. Lediglich der Nordstrander Pastor Heimreich weiß über 300 Jahre später zu berichten, „dass die Flut 4 Ellen [etwa 2,40 Meter] über die Deiche gegangen sei, 21 Wehlen [Bodenlöcher hinter Deichbrüchen] im Strand einrissen und der Flecken Rungholt nebst sieben Kirchspielen verwüstet wurden, wobei 7600 Menschen ertranken".
Und das in seinen ersten Ursprüngen in der ersten Hälfte des 15. Jahrhunderts verfasste „Chronicon Eiderstadense" meldet, „dass bei der allergrößten Manndränke das meiste Volk in den Uthlanden ertrank". Uthlande wurde die Landschaft der Marscheninseln, Halligen und Geestinseln im heutigen nordfriesischen Wattenmeer genannt. Rund 50 Kirchen gingen im Gefolge dieser Flut an der schleswigschen Westküste verloren.
Die Sturmflut von 1362 wirkte sich an der ganzen Nordseeküste aus. Der Jadebusen brach weiter ein, wobei hier und in der ostfriesischen Küstenmarsch einige Ortschaften nach großen Verlusten an Menschen und Vieh aufgegeben werden mussten. Die „Norder Jahrbücher" berichten über die Flut, der Sturm habe so fürchterlich gerast, dass feste Gebäude, darunter auch Kirchtürme, umstürzten. Insgesamt sollen an der Nordseeküste an die 100 000 Menschen ertrunken sein, eine sicherlich übertriebene Zahl, die aber doch den Schrecken erahnen lässt, den diese bislang verheerendste aller nachweisbaren Sturmfluten verursacht hat.

Doch die „Mordsee" setzte auch danach ihr Vernichtungswerk fort, so mit der ersten „Allerheiligenflut", im Jahre 1436, die die Harde Pellworm von der übrigen Insel Strand trennte. Erst hundert Jahre später konnten die Inselteile wieder zusammengedeicht werden. Es folgten weitere große Sturmfluten Allerheiligen 1532 und 1570. Bei der ersten Flut sollen auf Strand bei 18 Deichbrüchen etwa 1500 Menschen ertrunken sein.

Um diese Zeit hatte sich bereits im Zentrum des heutigen Halligmeeres aus der Landschaft Strand eine etwa 220 Quadratmeter große Insel, später Nordstrand oder auch Alt-Nordstrand genannt, herausgebildet, bestehend aus Pellworm-, Beltring- und Edomsharde und zusammengehalten durch den „Moordeich", der von Norden nach Südosten durch die ganze Inselmitte ging. Alt-Nordstrand bestand aus 22 Kirchspielen, in denen rund 8800 Menschen wohnten.

Am 11. Oktober 1634 ging die Insel unter, ein Ereignis, das von Augenzeugen genau beschrieben worden ist. Begleitet von Gewittern, welche die Dramatik noch verstärkten, ging das Wasser bei plötzlich aufkommendem Südweststurm und begünstigt von der Springtide bei Neumond schon bei halber Flutzeit über die Deiche. Der Chronist Anton Heimreich berichtet, „dass man niemals zuvor eine solche Flut vernommen und so viele Tausend Menschen und Vieh ersäufet, Häuser, Mühlen und andere Güter weggeführt und ein solcher Schaden getan, dass es nicht zu beschreiben ... Die finstere Nacht hat die große

Gefahr verborgen ... Viele sind in ihren Betten weggetrieben ... andere haben sich, ihre Weiber und Kinder aneinander gebunden, dass die grausamen Wellen sie im Tod nicht trennen möchten. Andere haben sich auf ihre Dächer begeben und sind auf denselben wie auf einem Schiffe herumgeführet worden, welche aber bald von den Wellen zerschlagen, dass auf dem einen Stück der Vater, auf einem anderen die Mutter und auf dem dritten das Kindlein hingetrieben. Und es hat ein jämmerliches Ansehen gehabt, wie unzählige Leute tot herumgetrieben." Als dann der Morgen graute, bot sich den Überlebenden ein unbeschreibliches Bild. An 44 Stellen waren die Deiche bis auf den Grund durchbrochen. Von den 8800 Einwohnern waren 6214 ertrunken, und nahezu der gesamte Viehbestand, rund 50 000, war in den Fluten umgekommen. 30 Mühlen und fast alle Häuser, nämlich an die 1300, lagen in Trümmern, und nur einige Kirchtürme ragten wie kolossale Grabsteine aus dem Chaos empor. Schließlich blieben von den 22 Kirchen nur drei erhalten – zwei auf Pellworm und eine auf dem heutigen Nordstrand. Unvorstellbar war die Not der Überlebenden, die kurz vor Eintritt des Winters Haus und Habe verloren hatten. Während aber die Pellwormer mithilfe eines reichen Holländers ihre Deichbrüche bald reparieren konnten, strömten auf dem übrigen Nordstrand die Fluten durch die Deichbrüche ein und aus. Schließlich wandte der Landesherr, Herzog Friedrich III. von Gottorf, den Artikel 8 des Spadelandrechts, also des Deichrechts, an: Weil die überlebenden Nordstrander ihre Deichpflicht nicht erfüllen konnten, wurden sie enteignet, Haus, Hof und Land wurden einer Gesellschaft von Niederländern und Brabantern zugesprochen, die zwischen 1654 und 1691 vier Köge neu bedeichten. „Partizipanten" wurden diese Teilhaber genannt, die das Land durch entschädigungslose Enteignung der vormaligen Besitzer erhalten hatten. Die vorherigen Nordstrander mussten auswandern oder als Tagelöhner in die Dienste der neuen Herren treten.

Links: Der holländische Künstler Frans Griesenbrock hat in Fensterbildern des katholischen Momme-Nissen-Hauses auf Pellworm den Untergang von Alt-Nordstrand dargestellt. Auf Balken, Heuhaufen und Hausdächern sind die Bewohner nach dem Deichbruch und der Überschwemmung „vergeblich um Hilfe rufend dahingefahren, bis sie die grausamen Wellen verschlangen", heißt es in einer Chronik über den Untergang am 11. Oktober 1634.

Orkanfluten anno 1717 und 1825

Die Sturmflut des Jahres 1634 forderte in Nordfriesland insgesamt fast 10 000 Tote, richtete
aber an der südlichen Nordseeküste kaum Schäden an (so wie die Hollandflut des Jahres 1953
mit über 1800 Toten keine Spuren an der schleswig-holsteinischen Westküste hinterließ).
Die nächste große Sturmflut in der Weihnachts-
nacht des Jahres 1717 brach dagegen als Katastrophe über die gesamte deutsche Nordseeküste herein, und zwar überraschend, weil der
Wind zunächst schwach war und der Mond im
letzten Viertel stand, also Nipptide war – so
nennt man jene besonders schwachen Tiden, die
entstehen, wenn Sonne, Mond und Erde so zuei-
nander stehen, dass die Sonne die Gezeitenkräfte
des Mondes teilweise aufhebt.
Erst gegen Mitternacht wuchs der Wind plötzlich
zum Orkan, und die See stieg rasch zu bisher nicht
gekannter Höhe auf. In Emden standen schon
lange vor Hochwasser fast alle Straßen unter
Wasser, einige der Ostfriesischen Inseln wurden
durch die hohe Flut in mehrere Teile zerschnitten,
und auf Juist ertranken 28 Menschen, die kurz
vorher den Weihnachtsgottesdienst besucht hatten. Das 18 Häuser zählende Dorf auf dem Insel-
teil Bill wurde völlig verwüstet. An der gesamten
Nordseeküste brachen die Deiche, und alle ostfriesischen Landschaften vom Rheiderland bis
zum Jeverland, in Oldenburg Butjadingen und die
Wesermarschen, waren ebenso wie die am östli-
chen Weserufer liegenden Marschen und das
Land Wursten bis zum Geestrand hin überflutet.
Rund 11 300 Menschen verloren hier ihr Leben.

Nach der Sturmflut. Überlebende haben sich auf den Trümmern versammelt, und ein Pastor versucht Trost zu spenden – Gemälde von Carl Ludwig Jessen.

Auch an der schleswig-holsteinischen Nordseeküste brachen viele Deiche, und die Marschen von Dithmarschen und Nordfriesland wurden hoch überflutet, wobei die Zahl der Toten aber geringer blieb als in Oldenburg und Ostfriesland. In Husum stieg das Wasser fast drei Fuß höher als bei der Flut des Jahres 1634. Auf der Hallig Nordstrandischmoor, einem Rest der 1634 untergegangenen Insel Alt-Nordstrand, erlebte der schon erwähnte Pastor und Chronist Anton Heimreich die Schreckensnacht. Zusammen mit seiner Familie hatte er sich schlafen gelegt, weil der Sturm nicht stark und gegen zwei Uhr nachts Niedrigwasser war. Und vielleicht wäre die Familie Heimreich von der Flut überrascht worden, wenn nicht die 17-jährige Tochter in böser Vorah-

nung gegen Mitternacht erwacht wäre und geklagt hätte: „Ach Mutter, es weht so stark. In dieser Nacht ertrinken wir." Vergeblich versuchten die Eltern, das Mädchen zu beruhigen. Da erhob sich der Vater um drei Uhr morgens, um aus dem Fenster zu sehen, und stellte mit Bestürzung fest, dass die Hallig schon in der ersten Flutstunde „Land unter" war. Schon brandete die Flut um die Warft und stieg und stieg. Kaum hatte sich die Familie Heimreich angekleidet und das Morgengebet gesprochen, schlugen die Wellen schon in das Haus.

Unter Zurücklassung aller Habseligkeiten retteten sich die Hausbewohner auf den Dachboden. Nur wenig später warf die Brandung die äußeren und inneren Mauern des Hauses ein, sodass die

Halligwarft um Halligwarft ging seit dem Mittelalter von Sturmflut zu Sturmflut verloren – hier das letzte Haus auf der Peterswarft der Hallig Nordmarsch-Langeneß. Vergeblich hatten sich die Bewohner mit unzulänglichen Maßnahmen gegen die Gewalt des Meeres und den Verlust ihres Hauses gewehrt.

Wellen durch alle Räume stürmten und der Dachboden auf dem Ständerwerk zu schwanken begann. Alle Möbel und Kleider, Hausgeräte und eine Bibliothek mit über 300 Büchern trieben fort. Im Stall ertranken zwei Kühe und 13 Schafe vor den Augen der Familie, die jeden Augenblick den Einsturz der Dachständer und den eigenen Tod vor Augen sah. Aber dann hatte die Wut des Orkans sich ausgetobt, und das Wasser begann wieder zu fallen.

Auf der ganzen Hallig bot sich ein Bild des Schreckens: „Die Kirche ist gäntzlich ruinieret, und ein gleiches Unglück hat auch die Kirchspielbewohner betroffen, indem ihre Häuser verwüstet und öde auf den Ständern stehen, also in dieser kleinen Gemeinde 16 Personen jämmerlich umgekommen und 500 Schafe und 30 Kühe ertrunken sind …"

Sechs Tage hielt die Familie noch auf dem Dachboden aus, fast aller Nahrungsmittel beraubt, und fand dann in Husum eine Bleibe.

Die Sturmflut zu Weihnachten 1717 war nur der Auftakt zu weiteren schweren Sturmfluten, so am 25. Februar und am 10. Oktober 1718. Weitere hohe Fluten folgten am 18. Februar und am 31. Dezember 1720. Durch die letztgenannte brach der durch Abbau von Muschelkalk bereits geschwächte Wall zwischen Helgoland und der „Weißen Klippe". Schnell bildete sich dort durch die Strömung eine Rinne aus, ein sogenanntes Tief, das sich nicht wieder schließen ließ.

In der Folgezeit wurden überall die Deiche erhöht, und es gelang sogar, einige Polder und Köge nach vorangegangener Landgewinnung neu zu bedeichen. Aber dann liefen am 11. September 1751 und am 7. Oktober 1756 abermals Sturmfluten auf, die weniger Ostfriesland als die schleswig-holsteinische Westküste und Hamburg betrafen. Viele Menschen ertranken. In Hamburg wurde der bis dahin höchste Wasserstand gemessen, und auf dem neuen Nordstrand ging der gerade von den Partizipanten eingedeichte Christianskoog wieder verloren, sodass etliche der nach der Sturmflut von 1634 hier eingewanderten Niederländer ihr Vermögen verloren und in Konkurs gerieten. Umgekehrt betraf die Sturmflut vom 21. November 1776 vor allem Ostfriesland. In Emden stand das Wasser neun Zoll (etwa 27 Zentimeter) höher als 1717. Alle diese Fluten waren jedoch nur kleine Ereignisse, gemessen an der schwersten Flut des nachfolgenden 19. Jahrhunderts, am 3. und 4. Februar 1825. Sie übertraf alle bisherigen Höchstwasserstände und hatte an der ganzen deutschen Nordseeküste verheerende Auswirkungen. Nach dem Flutstein bei Dangast im Jadebusen stieg die Flut 5,26 Meter über NN (Normalnull, eine 1935 festgelegte Horizonthöhe des Meeresspiegels, die etwa in der Mitte zwischen Niedrigwasser und Hochwasser liegt). Bei der zuvor höchsten Flut 1717 waren es „nur" 4,89 Meter gewesen. Die Fluthöhe nahm infolge des Windstaus von Westen nach Osten zu. In Cuxhaven wurden zwölf Fuß und an den Deichen von Dithmarschen 15 Fuß (ca. 4,50 Meter) über Mitteltidehochwasser gemessen. Dabei war der Wind aber viel schwächer als bei vorherigen Sturmfluten, sodass später vermutet wurde, ein Seebeben habe die Wirkung der Flut verstärkt.

Etliche Deiche an der ostfriesischen Küste brachen, und Schwerinsgroden und Vinckepolder mussten aufgegeben werden. Auf den Ostfriesischen Inseln flutete die Nordsee über die Wattwiesen hinein in die Dörfer. Besonders stark litt Baltrum, wo von 25 Häusern 17 völlig zerstört wurden und die Bewohner zeitweise in Dünenhöhlen hausen mussten. Wie schon früher auf anderen Ostfriesischen Inseln, so riss auch auf Baltrum eine „Schloop" – ein Durchbruch des Meeres durch die Dünenkette – ein und drohte die Insel zu teilen.

Zwischen Dollart und Wesermarsch ertranken 105 Menschen. In den Elbmarschen gab es 142 Tote zu beklagen. Aber am schwersten hatten die Halligen gelitten. Von den 940 Bewohnern verloren 74 ihr Leben. Fast alle Schafe, nämlich an die 1500, und 186 Kühe wurden ein Opfer dieser Flut. Von 339 Häusern, die es damals insgesamt auf allen Halligen gab (heute sind es nur noch 126), waren 79 völlig verschwunden und weitere 233 so beschädigt, dass sie als unbewohnbar galten. Der Gesamtschaden an Häusern, Kirchen, Inventar und Vieh sowie an den Warften betrug 580 740 Mark Courant – eine damals fast unvorstellbar hohe Summe.

Ein unbekannt gebliebener Verfasser hat nach der Sturmflut die Ereignisse und Schäden für alle Halligen zusammengestellt und unter dem Titel „Denkmal der Wasserfluth, welche im Februar 1825 die Westküste Jütlands und der Herzogthü-

mer Schleswig und Holstein betraf" herausgegeben. Darin heißt es unter anderem: „Auf Hooge mussten alle Bewohner auf die [Dach-] Böden ihrer Häuser flüchten und nach dem Eindringen des Wassers, welches immer höher stieg, in Todesangst ihr Schicksal abwarten ... Beim Zusammenstürzen der Häuser wurden 24 Menschen von den Wellen verschlungen ... Gänzlich ruiniert sind vier Warften mit den darauf gebauten acht Häusern, von denen jetzt keine Spur mehr vorhanden ist. Auf Nordmarsch [westlicher Teil der heutigen Hallig Langeneß] ist von 59 Häusern nur eines im bewohnten Zustand geblieben, 14 Personen daselbst sind ertrunken, über 200 Schafe und 63 Kühe sind umgekommen. Alle Feuerung ist weggeschwemmt und derselbe Mangel an Süßwasser wie auf Hooge ..."
Ähnliche Ereignisse werden auch von den anderen Halligen gemeldet. „Das grässlichste Schauspiel aber bietet die Hallig Südfall, wo von den daselbst wohnenden Familien, bestehend aus 13 Personen, und ihren Häusern keine Spur mehr vorhanden ist ..."
Es gab aber auch Nachrichten von wundersamer Errettung aus der Wassersnot. Auf Nordstrandischmoor brachte sich das Ehepaar Levsen, bis unter die Arme im Wasser watend, im höher gelegenen Nachbarhaus in Sicherheit. Dort aber bemerkten sie, dass sie in der Aufregung ihren Sohn vergessen hatten. Aber während sich die Eltern noch gegenseitig Vorwürfe machten, trieb dieser auf einem Heuhaufen aus dem zusammengebrochenen Haus hinterher und konnte gerettet werden.

Nach der Sturmflut besuchte der dänische König Friedrich VI. die betroffene Inselwelt. Die Herzogtümer Schleswig und Holstein gehörten noch bis zum Jahr 1864 zum Gesamtstaat Dänemark. Der König schrieb im ganzen Königreich eine Kollekte aus und verknüpfte mit der Hilfeleistung die Auflage, die neuen Häuser wieder im Ständersystem aufzubauen, wie es früher einmal üblich gewesen war. Ursprünglich ruhte das Dach der Friesenhäuser nämlich auf mächtigem Balkenwerk, dessen Ständer tief im Warftgrund eingelassen waren. So blieb der Dachboden über den Wellen stehen, auch wenn die Brandung die Hausmauern einschlug. Inzwischen hatte man aber das aufwendige Balkenwerk aufgegeben und das Dach auf die Mauern gelegt, sodass es mit ihnen unter den Fluten zusammenbrach. (Erst nach der Orkanflut 1962 wurde das alte Ständerprinzip in Form eines abgeschlossenen Schutzraumes im Dachteil, auf Betonplatte und Betonpfeilern ruhend, wieder verwirklicht.) Viele der überlebenden Halligbewohner verließen ihre Heimat für immer, siedelten sich auf dem Festland und vor allem auf der höheren Geestinsel Föhr an, wohin auch nach früheren Sturmfluten schon etliche Halligbewohner geflüchtet waren. Auch der Föhrer Deich war in der Sturmflutnacht gebrochen, aber in den Dörfern auf der höheren Geest lebten die Einwohner in Sicherheit. Die Flut von 1825, die bis dahin höchste und gebietsweise bis heute noch nicht übertroffene, hinterließ an der gesamten Nordseeküste von Holland bis Dänemark eine Spur der Verwüstung. Insgesamt ertranken 789 Menschen.

Februar 1962 –
Die Nordsee
als Mordsee

Es schien so, als ob sich die Nordsee mit der Sturmflut des Jahres 1825 erst einmal ausgetobt hätte, denn nun sollten 137 Jahre vergehen, ehe in Deutschland wieder von einer „Jahrhundertflut" die Rede war – im Februar 1962.

Zwar gab es in der Zwischenzeit mehrere Sturmfluten, aber sie stießen auf zunehmend verbesserte Küstenschutzwerke, und ihre Zerstörungen blieben gering. Lediglich die Flut in der Neujahrsnacht 1854/55 setzte sich ein bleibendes „Denkmal". Sie zerstörte auf dem Westende von Wangerooge das Dorf. 14 Häuser „gingen an den Dünen herunter", und „der ganze Kirchhof ging weg und Totengebeine und Särge lagen verstreut in den Gärten ..." Etliche Wangerooger verließen die Insel, zogen aufs Festland und gründeten bei Varel die Kolonie Neu-Wangerooge. Zwölf Familien blieben jedoch auf der Insel wohnen. Der mächtige, anno 1602 als Seezeichen mit Leuchtfeuer erbaute Turm stand nun in der Brandung vor dem Strand. Er blieb bis 1914 erhalten und wurde dann aus wenig einsichtigen militärischen Gründen gesprengt.

Ruhe macht leichtsinnig, und die Orkanflut 1962 hätte vermutlich noch größere Zerstörungen und mehr Todesopfer hinterlassen, wenn nicht nach den Erfahrungen mit der Flutkatastrophe in Holland 1953 der Küstenschutz verstärkt worden wäre, jedoch nicht überall und offensichtlich nicht ausreichend.

Die Orkanflut 1962 entwickelte sich aus einem insgesamt sehr stürmischen Jahresbeginn. Bis Mitte Februar hatten die Halligen schon 14-mal

Das Orkantief vom 16./17. Februar 1962 braute sich bei Grönland und Island zusammen und zog mit wachsenden Windstärken in südöstliche Richtung über die Nordsee. Die Windrichtung bewirkte, dass sich der Orkan sowohl an der schleswig-holsteinischen wie an der niedersächsischen Küste austoben konnte und die Flutwellen bis Hamburg zogen.

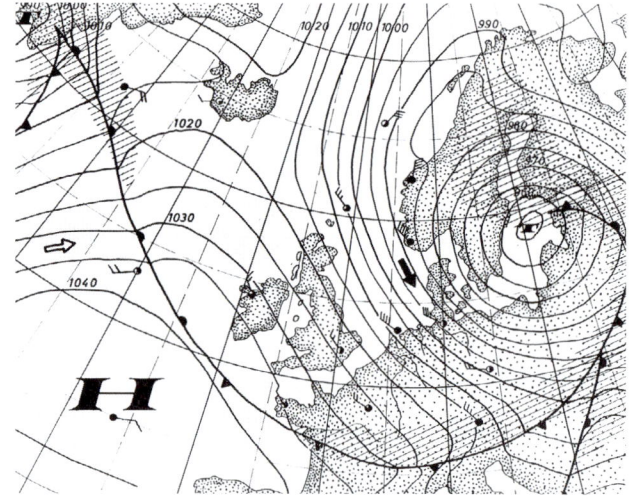

„Land unter" gemeldet. Die Entstehung des Orkantiefs begann am 12. Februar bei Neufundland. Es zog bis zum 15. Februar nach Island und erhielt durch den Zustrom von Warmluft aus einem Azorenhoch mit einem Kerndruck von 1045 Millibar zusätzliche Energien. Im Laufe des folgenden Tages, des 16. Februar, zog das Tief südostwärts nach Mittelskandinavien und vertiefte sich auf 952 Millibar. Diesem ungewöhnlich niedrigen Luftdruck stand noch immer das Azorenhoch mit 1045 Millibar gegenüber. Weil das Orkantief diesen tiefen Kerndruck über 30 Stunden behielt und auf der Stelle blieb, dauerte der Orkan mit den hohen Windgeschwindigkeiten so lange und staute die Flut entsprechend hoch auf. Am Vormittag des 16. Februar drehte der Wind von West auf Nordwest und steigerte sich mit Hereinbruch polarer Kaltluft gegen Mittag zum Orkan, der Windgeschwindigkeiten von fast 40

Metern und gegen Abend in Böen sogar 42 Metern pro Sekunde erreichte, was etwa 151 Stundenkilometern entspricht. Da der Orkan über die gesamte Flutzeit mit voller Kraft wehte, stauten sich gewaltige Wassermassen in der Nordsee, gegen die Inseln und die Festlandsküste auf. Verstärkt wurde die Stauwirkung durch das Drehen des Windes von West auf Nordnordwest. Dadurch entstanden Kreuzströmungen und -seen vor der schleswig-holsteinischen Westküste, und die Wellen erreichten Höhen, wie man sie bis dahin hier noch nicht gesehen hatte.

Der Verfasser hat die Orkanflut in der Nacht des 16. Februar in Norddorf auf der Insel Amrum unmittelbar miterlebt. Wie erwähnt, begann das Jahr mit einer Serie von Stürmen, bis Mitte Februar ein neues Orkantief heraufzog, mit Windstärken, die auch die windgewohnten Insulaner das Fürchten lehrten. Zeitweilig war der Orkan so stark, dass man nicht über eine Stranddüne, über die Deichkrone oder um die Ecke eines frei stehenden Hauses gehen konnte, ohne umgeweht zu werden. Im Dorf spürte man ständig den Sand, der von den Dünen heranflog und Straßen, Gärten und Hausdächer mit einer weißen Schicht zudeckte.

Niedrigwasser, also tiefster Punkt der Ebbe, sollte gegen 17 Uhr sein, aber das anhaltende Orkantief ließ keine Ebbe zu. Das letzte Hochwasser blieb einfach, getrieben vom Druck des Windes, am Strand stehen, ja der Wasserstand lag bei Niedrigwasser schon fast einen Meter über dem normalen Hochwasser – in der Rückschau ein fast überdeutliches Zeichen, das die Nordsee voraussandte, um anzukünden, was Stunden später folgen sollte.

Begleitet vom Stöhnen und Brechen der Bäume und vom Gebrüll der Brandung brach die unheilvolle Dämmerung des 16. Februar 1962 herein. Schnell wurde es dunkel, aber dann ging am wolkenlosen Himmel der Mond auf und warf – einige Tage vor Vollmond – ein unwirkliches Licht über die wild bewegte Meereslandschaft. Im Dorf aber lag alles im Dunkeln, denn längst war auf Inseln und Halligen der Strom ausgefallen, weil der Orkan irgendwo auf dem Festland die Stromversorgung unterbrochen hatte.

Eine unbestimmte Ahnung trieb mich an den nahen Strand. Hoch stand die tobende Brandung gegen den Dünenwall, und Welle um Welle fraß vom Land. Aber was war das!? Zur Wattenseite blickend, bemerkte ich, wie lange weiße Streifen an der Binnenseite des Deiches erschienen und wieder verschwanden. Schneewehen? Aber aus wolkenlosem Himmel konnte es nicht schneien. Und dann durchfuhren mich Schreck und Erkenntnis zugleich: Es war der Schaum überschlagender Wellen! Eine knappe Stunde vor Hochwasser stand der „Blanke Hans" knapp unter der Deichkrone, und Welle um Welle schwappte nun mit weiß schäumenden Fronten über den Deich! Der konnte nicht mehr lange halten. Ich eilte zurück ins Dorf, um die Bewohner der Häuser am tief liegenden Marschenland zu wecken. Bald sammelten sich die Menschen am Dorfrand und schauten bangend, aber fasziniert auf das großartige Natur-

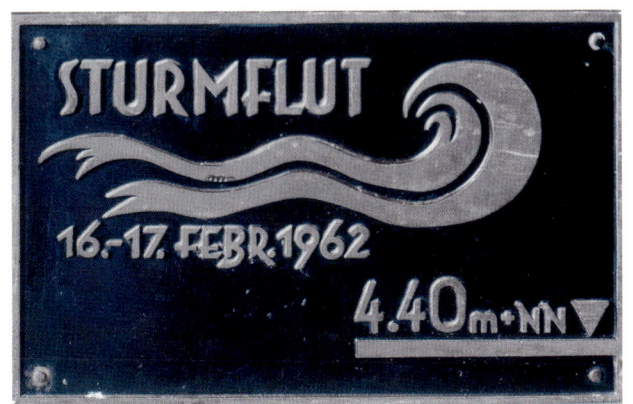

Überall an den Küsten – in den Häfen, an Kirchen und Häusern, an Sielen und Deichen – sind die Daten von hohen Sturmfluten verewigt, oft beginnend mit der Flut vom Februar 1825 bis hin zu den Hochwasserständen der Gegenwart. Diese Tafel ist am Gebäude des Wasser- und Schifffahrtsamtes im Seezeichenhafen Amrum.

schauspiel der überschäumenden Wassermassen. Dann plötzlich, binnen weniger Sekunden, hatte man einen freien Blick auf das tobende, im Mondlicht gleißende Meer. Man sah „durch" den Deich, denn er war gebrochen. Ein eigenartiges Rauschen – auch gegen den unvermindert wehenden Orkan zu hören – kündete von der herannahenden Flut, und Hasen und Mäuse hasteten aus dem Dunkel der Marschenwiesen hinein in das Dorf und in die hoch gelegenen Dünen. Etwa drei, vier Minuten nach dem Deichbruch war die Flut am Dorfrand angelangt und blieb hier zunächst scheinbar stehen, als ob sie ihr Ziel bereits erreicht hätte. Ein Nachbar sagte: „Höher kommt sie nicht, höher war sie auch nicht 1936." Aber dann gab es einen neuen Wasserschwall, und die Flut stieg in die tieferen Dorflagen, sprudelte in Keller und plätscherte in die Stuben. Kühlschrank, Elektro-Ofen, Fernseher, Sofa und Sessel, Bücher und anderes, was beweglich war, stand längst auf Tischen. Würde die Flut da herankommen? Irgendjemand

Vorangehende Doppelseite: Das Rote Kliff, die saaleeiszeitliche Steilküste vor Wenningstedt auf Sylt, wurde durch die Orkanflut 1962 bis an die erste Häuserreihe zurückgesetzt. Hotels und Villen aus den Gründerjahren mussten gesprengt und weggeräumt werden. Heute ist die Abbruchkante schon über die Grundstücke hinweggewandert und nähert sich den nächsten Gebäuden dieses Badeortes.

wusste, dass etwa eine Viertelstunde nach 23 Uhr Hochwasser sein sollte. Und immer wieder wurde die Taschenlampe auf die Wanduhr gerichtet, die ungerührt weitertickte. Hochwasser! Und die Flut blieb stehen und fiel nach etwa einer halben Stunde spürbar zurück. Gegen ein Uhr nachts hatte sie, ein Chaos an Schlamm und Treibgut hinterlassend, die Häuser schon geräumt, und wir konnten wieder Luft holen. Lebensgefahr hatte ja zu keiner Zeit bestanden, man hätte sich nur nahebei auf die Geest flüchten müssen.

Aber was war auf den benachbarten Halligen geschehen? Es hieß, dass dort kein Haus mehr zu sehen sei, sodass das Schlimmste befürchtet werden musste. Nachrichten aus dem Radio waren unverändert nicht zu bekommen, weil der Stromausfall immer noch andauerte.

Am Morgen des 17. Februar stieg die Sonne in einen immer noch wolkenlosen Himmel und beleuchtete das ganze Ausmaß der Zerstörungen. An den Wänden unseres Wohnzimmers hatte die Flut an Tapeten und Mauern mit einem schnurgeraden Strich ihren höchsten Punkt markiert, und die Fußböden ähnelten der Schlickfläche des Wattenmeeres. Alle Keller am unteren Dorfrand waren voll Wasser, und die Feuerwehr eilte von Haus zu Haus, um sie leerzupumpen.

Auf der Strandstraße stieß man auf einen Flutsaumwall. Hier hatte sich alles angesammelt, was nicht niet- und nagelfest und aus der Marsch und den Dorfgärten angetrieben worden war. Zwei Deichbrüche hatte es auf Amrum gegeben, bei Norddorf und Wittdün. Der erste Durchbruch war etwa 150 Meter breit. Tief hatte sich die hindurchschießende Flut in den Boden eingegraben und eine Wehle, einen an der Binnenseite des Deiches gelegenen Teich, gebildet, ebenso am Deichbruch der Wittdüner Marsch. Die über den Strand ragenden Stranddünen boten mit ihren Steilwänden ein ungewohntes Bild von bizarrer Schönheit. Um mehr als zehn Meter war die gesamte Inselküste durch die Brandung einer einzigen Sturmflutnacht zurückgesetzt worden, trotz des Schutzes durch den vorgelagerten Kniepsand. Wie mochte es wohl drüben auf Sylt aussehen?

Die Zerstörungskraft der Natur kann beim Menschen Furcht erregen, sie kann ihm aber auch in ihrer schaurigen Schönheit Respekt abnötigen, indem sie ihm die Grenzen seiner Macht aufzeigt. So war es auch bei der Orkanflut 1962. Wie das Gerippe eines Monsters ragte das Gebälk der Wittdüner Brücke aus dem Sand. Halbmeterdicke Balken hatte die Gewalt des Wellengangs zerschmettert und meterhoch aus dem Boden gehoben. Einige Schiffe waren aus ihren Verankerungen im nahen Hafen gerissen und hoch auf den Strand gesetzt worden. Die Strandpromenade lag teilweise in Trümmern, nachdem die Brandung die meterdicke Mauer aufgebrochen hatte.

Da im Laufe des Tages die Stromversorgung wieder funktionierte und es am übernächsten Tag auch wieder Post und Zeitungen gab, konnte man sich auch auf den Inseln bald ein Bild vom gesamten Ausmaß der Verwüstungen längs der Nordseeküste und am Unterlauf der Elbe machen, wobei die über 300 Toten in der Hanse-

stadt Hamburg bald im Vordergrund standen.
Im Bereich der eigentlichen Nordseeküste konzentrierte sich die Aufmerksamkeit, wie üblich, zunächst auf Sylt. Mit unvorstellbarer Gewalt war der „Blanke Hans" gegen die Strandpromenade von Westerland gestürmt. Turmhohe Brecher hatten ihr Spritzwasser bis tief hinein in die Stadt gesandt, und durch die nördlichen Strandübergänge hatten sich Brandungswellen in die Stadt ergossen und dort Zerstörungen angerichtet. Die Strandpromenade mit ihren Einrichtungen sah aus wie nach einem Bombenangriff. Tonnenschwere Betonplatten waren wie Treibholz aufgewirbelt worden, und die Strandmauer wies große Löcher auf. Die nördlichen Stranddünen waren fast ganz weggeräumt, und ein darauf stehendes Gebäude war auf den Strandfuß gestürzt. Das Rote Kliff vor Wenningstedt war bis nahe an die Hotelreihe aus der Gründerzeit zurückgesetzt, sodass die Gebäude gesprengt werden mussten. Am Ellenbogen bei List war die letzte Dünenkette vor dem Königshafen verloren gegangen, sodass es hier zu einem Durchbruch kam und eine Abtrennung der Ellenbogennehrung drohte. Eine Vermessung des Lister Strandes erwies, dass seit 1870 etwa 400 Meter an Inselküste den Fluten zum Opfer gefallen waren, allein durch die Orkanflut 1962 fast 40 Meter. An der Sylter Südspitze wurde das Strandcafé von Hörnum endgültig vernichtet, und vor der Kersig-Siedlung hatte die Flut den hohen Dünenwall weggerissen. Diese Siedlung war unverantwortlicherweise Mitte der fünfziger Jahre des 20. Jahrhunderts sehr dicht am Strand erbaut worden

Alle Halligwarften wurden in der Nacht vom 16./17. Februar 1962 überflutet und insbesondere die älteren Gebäude durch die Brandung zerstört, wie hier auf der Neu-Peterswarft auf Langeneß. Wie durch ein Wunder kam auf den Halligen aber niemand ums Leben. Die letzten Toten hat es im Februar 1825 gegeben.

Haustrümmer auf der Backenswarft der Hallig Hooge. Aber das Leben geht weiter – das nass gewordene Bettzeug hängt zum Trocknen an der Leine. In den neuen Hallighäusern ist im Dachgeschoss ein sturmflutsicherer Schutzraum eingebaut, von starken Ständern getragen.

und sollte wegen des nötigen Küstenschutzes den Steuerzahler auch nach 1962 noch sehr viel Geld kosten – wie überhaupt etliche Probleme auf Sylt durch die Strandbebauung hervorgerufen sind. Auf der im Wind- und Wellenlee von Sylt und Amrum liegenden Insel Föhr drohte bei Dunsum der Deich zu brechen. Vergeblich hatten sich Feuerwehren und Freiwillige bemüht, mit unzureichenden Mitteln die von der Brandung in den Deich geschlagenen Löcher zu stopfen. Doch in

Wenn Deiche brechen, reißen die durch den Bruch schießenden Wassermassen in den Deichboden tiefe Löcher, die sogenannten Wehlen, deren Auffüllung bei der Deichreparatur oft großen Aufwand erfordert – so groß, dass in einigen Fällen um die Wehle herum neu eingedeicht wurde.

einer kritischen Phase war die Flut noch vor der Hochwasserzeit plötzlich zurückgefallen, und die von Lebensgefahr bedrohten Männer auf dem Deich ahnten, dass in der Nachbarschaft ein Deich gebrochen war und eine Wasserentlastung bewirkt hatte. Es waren die Deichbrüche auf Amrum, die den Föhrer Deich vor dem möglichen Bruch bewahrten! Ein Deichbruch auf Föhr hätte die ganze Marsch, etwa drei Fünftel der Inselfläche, überflutet und Dutzende Höfe mit allem Drum und Dran vernichtet.

Hoch war die Flut aus dem Hafenbecken von Wyk gestiegen und in die hafennahen Straßen und Gebäude geströmt. Am Wyker Pegel war eine Fluthöhe von 3,35 Meter über Mitteltidehochwasser verzeichnet worden.

Die zunächst schlimmen Nachrichten von den
Halligen bestätigten sich zum Glück nicht. Als es
hell wurde, sah man, dass die Häuser noch auf
den Warften standen, doch wiesen fast alle
Beschädigungen auf. Alle Warften waren in der
Nacht überflutet worden, an den Hausmauern
hatte die Brandung getobt. Wände waren einge-
stützt, und in den Ställen war das Vieh ertrunken,
vor allem Schafe, während die Kühe ihren Hals
aus dem Wasser halten und überleben konnten.
Besonders dramatisch war die Situation auf der
Neu-Peterswarft auf Hallig Langeneß. Hier retteten sich die Bewohner, ein junges Ehepaar mit
einem Kleinkind, nach dem Zusammenbuch ihres
Hauses hinauf auf einen großen Heuhaufen, der im
Wellenlee des Hauses stand und groß und elas-
tisch genug war, um der Brandung standzuhalten.
Auch auf den anderen Halligwarften spielten sich
dramatische Ereignisse ab. Auf Gröde stapelte die
Lehrerin der kleinsten Schule Deutschlands, nachdem ein umgestürztes Möbelstück den Zugang
durch die Dachluke zum Dachboden versperrt
hatte, im Klassenraum Stühle und Schulbänke
übereinander und überlebte mit ihren Bekannten
aus Köln, die gerade zu Besuch auf Gröde weilen,
die Flut auf diesem Gestell dicht unter der Zim-
merdecke. Die Flut blieb auch hier schon vor der
Hochwasserzeit stehen, vermutlich weil der Wind
nach Norden drehte und die Wassermassen an
Inseln und Halligen vorbei zur Elbmündung lenkte.
Auf Hallig Langeneß war das Vorhaus der Kirche
zusammengebrochen, und die Flut stand hier, wie
auch auf Hooge und Gröde, meterhoch im Kir-

chenraum. Durch die Brandung von den Grabstätten geworfen und zerbrochen, lagen die Grabsteine der Friedhöfe durcheinander. Überall waren Schafe ertrunken, aber Menschenleben gab es auf den Halligen bei der Orkanflut 1962 nicht zu beklagen.

Schwer hatte die Orkanflut an den Deichen der beiden Marscheninseln Pellworm und Nordstrand gewütet. Beide Inseln sind besonders gefährdet, weil ihre Marschen unter dem Meeresspiegel liegen. Zwar sind noch die meisten Häuser auf Deichkronen und Warften errichtet, aber seit den fünfziger Jahren des 20. Jahrhunderts wurden zunehmend Gebäude im Vertrauen auf den Deichschutz auch in tieferen Lagen gebaut. Auf Pellworm entstanden Deichschäden in Höhe von 600 000 Mark, das Hafengebiet nebst den dort liegenden Gebäuden wurde hoch überflutet, und Krabbenkutter wurden aus dem Hafenbecken auf die Pier gesetzt. Loch an Loch wies auch der Deich von Nordstrand auf. Im Trendermarschkoog stand ein Deichbruch unmittelbar bevor, und der Neuekoog musste evakuiert werden.

An der nordfriesischen Festlandsküste waren vor allem die Deiche im Bereich der Husumer Bucht gefährdet. Hier gibt es infolge des Buchtenaufstaus generell einen höheren Tidenhub als draußen im Bereich der Inseln und Halligen. Tatsächlich wurde denn auch mit rund vier Metern über Mitteltidehochwasser in Husum der höchste Wasserstand der Orkanflut 1962 an der deutschen Nordseeküste gemessen. Gegen Mitternacht, eine halbe Stunde vor Hochwasser, brach der Deich des

Dockkooges vor Husum, und die Bewohner der Gastwirtschaft „Erholung" erlebten, umschlossen von tobenden Wellen, im Gebäude auf der Deichkrone bange Stunden. Aus dem unten liegenden Stall war das Vieh schon vor dem Deichbruch rechtzeitig nach oben in die Gaststätte getrieben worden und überlebte hier die Flut.

Mit dem nordwärts drehenden Wind verlagerte sich die Gefahr dann gegen die Nordküste von Eiderstedt. Wegen drohender Deichbrüche mussten die Bewohner der dortigen Köge evakuiert werden – wobei Bundeswehr, Technisches Hilfswerk, Feuerwehren und andere Freiwillige einen großartigen Einsatz leisteten. Der Uelvesbüller Koog hielt dem Druck des Meeres aber nicht stand, der Deich brach, und der Koog wurde hoch

Brücke von Wittdün/ Amrum nach der Orkanflut im Februar 1962: Halbmeterdicke Balken wurden zerfetzt und mächtige Brückendalben meterhoch aus dem Boden herausgehoben – ein eindrucksvolles Beispiel für die Kraft, die im Wellengang einer Orkanflut steckt. Aus dem nahen Seezeichenhafen wurden Bojen und Tonnen vertrieben.

überflutet. Kurz zuvor waren die Bewohner jedoch in Sicherheit gebracht worden, bis auf ein Ehepaar, das von einem Sturmboot der Bundeswehr gerettet werden konnte. Aber rund 300 Rinder und Schweine verloren hier ihr Leben.

An der Westküste von Eiderstedt brach vor St. Peter-Ording der Dünenwall weg, und die Flut strömte in das Kurzentrum ein. Die lange Badebrücke und das auf hohen Ständern stehende Restaurant „Arche Noah" wurden zerstört, und sieben Fischkutter wurden auf den Deich des Tümlauer Kooges geworfen. Sie bohrten tiefe Löcher in den Deich und mussten gesprengt werden. An allen Deichen von Eiderstedt bot sich im Morgengrauen nach der Orkanflutnacht ein Bild der Verwüstung. Über 40 Kilometer Deichlänge waren beschädigt, die Deiche waren übersät mit Hausrat und ertrunkenem Vieh.

Höchste Alarmstufe herrschte auch im Nordseebad Büsum. An die 1500 Menschen waren aufgeboten, um gegen den „Blanken Hans" zu kämpfen. Aber Musikpavillon und Deichtreppen wurden ein Raub des Meeres. Mehr als tausend Menschen aus niedrig liegenden Stadtteilen waren nach Heide gebracht worden, aber dann kam es doch nicht zum befürchteten Deichbruch. Evakuiert werden mussten auch der Christians- und der Friedrichskoog an der Küste von Dithmarschen.

Wie eine Kette von Wellenbrechern liegen die Ostfriesischen Inseln schützend vor den Deichen Ostfrieslands und Oldenburgs. Es sind Düneninseln, die durch Aufspülung von Seesand aus dem Meer geboren wurden, sich aber ständig, entsprechend der Gezeitenströmung und der vorwiegenden Windrichtung, nach Osten verlagerten, ehe sie, beginnend im Jahre 1856 auf Norderney, durch Deckwerke beziehungsweise Strandmauern an ihren Westseiten festgelegt wurden.

An diesen Küstenschutzwerken tobte sich die Orkanflut 1962 mit ihrer ganzen Kraft aus. Die lang dauernde und mit Wellen von über vier Meter Höhe begleitete Überflutung der Strandmauern führte zu einer Hinterspülung der Schutzwerke, sodass es zu erheblichen Zerstörungen kam. Während die breiten Strände vor Borkum und Juist den Wellenangriff milderten, sodassdie Schäden dort gering blieben, wurden die Schutzwerke von Norderney, Baltrum, Spiekeroog und Wangerooge in Trümmer gelegt. An den unbefestigten Dünen entstanden Abbrüche von zehn bis 20 Meter Tiefe, und etliche Gebäude an den Inselstränden, darunter die „Givtbude" von Spiekeroog, wurden zertrümmert. Über die Heller, also die vor dem Deich liegenden Salzwiesen an der Wattenseite, drang die Flut in etliche Ortsteile ein, weil die Hellerdeiche zu niedrig waren. Alle niedrig gelegenen Inselflächen, so auf Borkum der Flugplatz mit dem Flughafengebäude, waren überflutet, ebenso zahlreiche Dünentäler, wo – wie auf Spiekeroog – infolge des Salzwassereinflusses später die Dünenwäldchen abstarben. Insgesamt wirkte sich die Orkanflut auf den Ostfriesischen Inseln aber weniger verheerend aus als in anderen Bereichen der Nordseeküste. Die Flut blieb 30 bis 35 Zentimeter unter den Höchstwasserständen vorheriger Sturmfluten, denn die

Bei der Orkanflut 1962 brachen überall an der Nordseeküste meterdicke Strandmauern ein – hier die Strandpromenade von Wittdün/Amrum.

höchste Windgeschwindigkeit wurde hier gegen 16 Uhr am Nachmittag des 16. Februar gemessen, also zur Zeit des Niedrigwassers. Als gegen 21 Uhr Hochwasser war, hatte der Orkan seine Gewalt schon ostwärts in Richtung Schleswig-Holstein und Hamburg verlagert, und der Wind war spürbar abgeflaut. Trotzdem gingen die Schäden, insbesondere an den Küstenschutzwerken, in die Millionen, und die Hellerdeiche, das heißt die Deiche, die die Ortsränder gegen die im Lee liegenden Salzwiesen abschließen, mussten erheblich erhöht werden.

In den fünfziger Jahren des 20. Jahrhunderts waren längs der Festlandsküste zwischen Ems und Elbe etliche Deichstrecken verstärkt worden, und diese hielten der Orkanflut stand. Überall

aber gab es „Ausschläge", Löcher in den Deichen, sowie Absackungen an den Binnenseiten durch überschlagende Wellen oder überströmendes Wasser. Fast alle Deichbrüche entstehen übrigens auf diese Weise, relativ selten kommt es vor, dass die Brandung die Seeseite des Deiches bis zum Durchbruch aufreißt. Einige Flussdeiche an Ems, Weser und Elbe brachen jedoch, und es gab erhebliche Überschwemmungsschäden, so bei Papenburg, Bremen-Ochtum, Bremen-Nord mit seinen Industriegebieten und bei Vegesack. Insgesamt wurden 60 Quadratkilometer des Bremer Stadtgebietes überflutet.

An der niedersächsischen Küste, insbesondere längs der Elbe im Regierungsbezirk Stade, wurden 61 Bruchstellen registriert. Rund 370 Qua-

Am Uelvesbüller Deich im Norden von Eiderstedt wurde die seeseitige Deichberme – ein Böschungsabsatz, der den Erddruck auf den Deichfuß vermindern soll – schwer beschädigt. Schließlich brach der Deich, sodass der Koog mit seinen Höfen hoch überflutet wurde. Menschen und Vieh konnten aber rechtzeitig in Sicherheit gebracht werden.

Sturmflut am Westufer von Wangerooge. Der mächtige Turm im Hintergrund wurde um 1600 als Sichtmarkierung für die Einfahrt in die Weser errichtet, und zwar auf der Ostseite. Aber die Insel wanderte nach Osten, sodass der Leuchtturm schließlich draußen vor der westlichen Inselküste stand. Im Ersten Weltkrieg wurde er gesprengt, um den Briten keine Markierung für den Kriegshafen Wilhelmshaven zu bieten.

dratkilometer bewohnten Landes versanken in den Fluten.

An der eigentlichen Nordseeküste zwischen Borkum und Sylt war der Höhepunkt der großen Orkanflut am 16. Februar vor Mitternacht schon vorüber. Zwischen den Böen flaute der Wind etwas ab, und die Flut fiel merklich zurück. Aber noch war das Drama der Sturmflut nicht vollendet. Mit dem Orkan, der nun aus Nordwest kam und damit genau auf die Elbmündung wehte, stürmte der „Blanke Hans" weiter nach Hamburg. Und je schmaler die Elbe wurde, desto höher staute sich das Wasser auf – begünstigt auch durch das sogenannte Oberwasser der Elbe, das gegen den lang andauernden Flutdruck nicht abfließen konnte.

Wie an der unmittelbaren Nordseeküste, so hatte man auch in Hamburg seit 1825 keine gefährliche Flut mehr registriert, und das Bewusstsein von der Gefahr am großen Fluss war bei vielen Bewohnern der Hansestadt geschwunden. Trotzdem waren nach der Hollandflut 1953 auch in Hamburg die Deiche überprüft und zwischen 1955 und 1961 auf rund 30 Kilometer Länge mit einem Kostenaufwand von fast fünf Millionen Mark verstärkt und teilweise erhöht worden. Ab 1963 waren weitere Maßnahmen geplant.

Fast alle Hamburger wurden von der Flut überrascht, die Warnungen kamen zu spät. Zwar hatten die Behörden, da das Wasser rasch anstieg, schon Stunden vor Mitternacht die drohende Gefahr erkannt und entsprechende Warnungen

Schwere Zerstörungen richtete die Orkanflut im Februar 1962 auf Norderney an, nachdem der Wind nach Norden gedreht war. Die Schutzwerke und die Strandpromenade wurden vor der Kaiserstraße aufgebrochen und das dahinter liegende Gelände weggespült.

Vorangehende Doppelseite: Am 17. Februar kurz nach Mitternacht brechen die Deiche in Hamburg-Neuenfelde. Als wenig später das Wasser mit Urgewalt über den Wilhelmsburger Reiherstiegdeich strömt, ist es zu spät. Die damals rund 70 000 Einwohner dieses Hamburger Stadtteils können nicht mehr gewarnt und evakuiert werden. Eine Katastrophe bahnt sich an.

an die Rundfunk- und Fernsehanstalten weitergegeben. Im Fernsehen lief aber gerade eine beliebte Familienserie, und die Sturmflutwarnung kam erst mit der anschließenden Tagesschau, als die meisten schon zu Bett gegangen waren. Wenige auch nahmen die Warnungen ernst, weil kaum jemand wusste, wie tief etliche Bereiche der Elbinseln, des Hafengebietes und einige Stadtteile liegen.

Am Pegel St. Pauli stieg die Orkanflut auf 5,70 Meter über Normalnull – NN liegt hier etwa 1,80 Meter unter dem mittleren Hochwasser. Mithin stieg die Orkanflut etwa 3,90 Meter über das mittlere Hochwasser und damit fast einen halben Meter höher als beim Höchststand des Jahres 1825.

Eine knappe Stunde nach Mitternacht brach der erste Deich, in Neuenfelde an der Süderelbe, und gewaltige Wassermassen strömten in das Gebiet. Weitere Deichbrüche, insgesamt über 60, folgten, und die Siedlungen Francop, Moorburg und Wilhelmsburg wurden überflutet. Wilhelmsburg besteht, wie andere Elbinseln, die Elbmarschen und die an der Nordsee liegenden Marschen, aus einem Verbund von Poldern, die zwischen 1333 und 1852 eingedeicht worden sind. Als gegen zwei Uhr nachts der Damm des Berliner Ufers brach, strömte die Flut, alles mit sich wegreißend, über die ganze Elbinsel Wilhelmsburg. In einem tief liegenden Gartengelände mit zahlreichen Behelfsheimen fanden die meisten Menschen, über 200, den Tod. Viele wurden im Schlaf von der Flut überrascht, andere hatten sich auf

Haus- und Hüttendächer retten können, wo sie, manchmal vergeblich, durchnässt und unterkühlt auf Hilfe hofften.

Durch die Deichbrüche strömten mehr als 200 Millionen Kubikmeter Wasser; rund 12,5 Quadratkilometer Land, ein Sechstel des hamburgischen Staatsgebietes, wurde überflutet. Fast 100 000 Menschen waren von der Flut unmittelbar betroffen, etwa 30 000 verloren ihre Wohnung. Die für heutige Lebensgewohnheiten unerlässliche Infrastruktur, Strom-, Wasser-, Gasversorgung und Kanalisation, brach zusammen, und alle Verkehrswege von Hamburg nach Süden blieben fast eine Woche lang unterbrochen.

Als sich der Orkan gelegt und das Wasser wieder verlaufen hatte, wurden 315 Tote registriert, darunter auch fünf Soldaten der Bundeswehr, die zusammen mit anderen Helfern bis zur Erschöpfung im Einsatz waren. Bei der Koordination der zahlreichen Maßnahmen, die während und im Gefolge der Orkanflut zu treffen waren, machte sich vor allem der damalige Hamburger Polizeisenator und spätere deutsche Bundeskanzler Helmut Schmidt einen Namen.

Folgende Doppelseite: Hamburg-Moorburg: Mit Booten werden diese Hamburger Familien nach der Sturmflut vom Februar 1962 aus ihren überfluteten Häusern gerettet.

Die Sturmfluten
vom Januar 1976
und danach

Die Orkanflut 1962 erzwang ein Umdenken beim
Küstenschutz in Hamburg und an der Nordseeküste – ganz neue Maßstäbe waren gefordert.
Schon nach der Hollandflut 1953 waren an der
schleswig-holsteinischen Westküste 280 Kilometer Deich verstärkt worden, ein Grund dafür, dass
es hier 1962 nur wenige Deichbrüche und keine
Toten gab. Nun zog man die Konsequenzen aus
den Erfahrungen der Orkanflut von 1962. Nach
Überprüfung aller Deiche und sonstigen Küstenschutzwerke stellte die schleswig-holsteinische
Landesregierung 1963 den „Generalplan Küstenschutz" auf. Er wurde ab 1964 in die Tat umge-
setzt und nach den Sturmfluten im Januar 1976
und im Jahr 1986 fortgeschrieben. Dabei ging und
geht es vor allem um die Verstärkung der vorhan-
denen Deiche auf den Inseln und an der
Festlandsküste, hinzu kamen neue Eindeichungs-
maßnahmen vor Meldorf (Meldorfer Bucht) und
am Nordstrander Damm (Beltringharder Koog)
zwecks Verkürzung der Deichlänge. Diesem Ziel
diente auch der Bau des Eidersperrwerks, des
mächtigsten Sperrwerks an deutschen Küsten.
1973 fertiggestellt, sperrt es die Eidermündung
zwischen Eiderstedt und Dithmarschen. Der insgesamt 4,8 Kilometer lange Eiderdamm enthält in
seiner Mitte das Sperrwerk mit einer Schiffs-
schleuse und fünf Sielen mit je 40 Meter langen
Toren sowohl an der Außen- wie auch an der Binnenseite. Die Gezeiten strömen hier ungehindert
ein und aus, aber bei Sturmflut werden die Tore
geschlossen und schützen den gesamten binnen-
wärtigen Mündungsbereich. Die ursprünglich 59

Im Kampf um den Deich, hier am Dockkoog bei Husum. Mit Pfählen und Faschinen (Reisigbündeln) wird der Einbruch geflickt. Bricht der Deich, ist es um die wagemutigen Männer geschehen.

Kilometer langen See- und Flussdeiche konnten auf 4,5 Kilometer reduziert werden. Auch einige andere Flüsse an der schleswig-holsteinischen Westküste erhielten Sperrwerke.

Mit Sperrwerken wurden auch die Zuflüsse zur Weser (Hunte) und zur Ems (Leda) in Oldenburg und Ostfriesland ausgestattet. Ein geradezu gigantischer Bau ist das Sperrwerk Leysiel mit Speicherbecken im Pilsumer Watt vor dem beschaulichen Krabbenfischerstädtchen Greetsiel. Im Rahmen des niedersächsischen Programms „Deichbau und Küstenschutz" wurden die Verstärkung der Deiche auf einer Länge von 585 Kilometern, der Neubau von 650 Kilometern an Wegen für die Deichverteidigung („Katastrophenwege"), 24 neue Deichsiele und sieben Sperrwerke sowie der Ausbau der Strandschutzwerke auf den Ostfriesischen Inseln beschlossen. 880 Millionen Mark wurden dafür veranschlagt. Tief in die Kasse griff auch der Hamburger Senat, um in einer beispiellosen Anstrengung dafür zu sorgen, dass der Schutz der Stadt, des Hafengebietes und der Elbinseln gewährleistet wurde. Entsprechend der neuen Fluthöhenbemessung wurden die Deichkronen auf 7,20 Meter, in Bereichen mit höherem Windstau und Wellenauflauf auf neun Meter über NN festgelegt. Insgesamt wurden 65 Kilometer Erddeiche, neun Kilometer Asphaltdeiche und 26 Kilometer Hochwasserschutzwände gebaut. Die sogenannten Hauptdeiche sichern heute Wilhelmsburg und die Marschensiedlungen an Norder- und Süderelbe. Hochwasserschutzwände in der Innenstadt, wie beispielsweise am Zollkanal, wurden zu Promenaden gestaltet und so harmonisch in das Stadtbild eingefügt. Weitere Maßnahmen des Sturmflutschutzes waren die Geländeaufhöhung sowie die Anlage von Schleusen und Sperrwerken, wovon das Sperrwerk der Billwerder Bucht mit einer Länge von 128 Metern das größte ist. Fast eine Milliarde Mark wendete der Senat für den Flutschutz auf, wozu der Bund 420 Millionen beisteuerte.

Die Anstrengungen des Staates in Hamburg und an der Nordseeküste waren nicht umsonst. Nur 14 Jahre nach der Orkanflut 1962 gab es zwei Sturmfluten, von denen die eine, am 3. Januar 1976, die Fluthöhe von 1962 nicht nur erreichte,

Folgende Doppelseite: Das nach sechsjähriger Bauzeit 1973 fertiggestellte Eidersperrwerk ist das mächtigste an der deutschen Nordseeküste. Zusammen mit den beiderseitigen Dämmen, die Eiderstedt und Dithmarschen miteinander verbinden, ist es 4,8 Kilometer lang und verkürzt die bisherige Seedeichlänge der Eidermündung von knapp 60 auf 4,5 Kilometer. Durch fünf mächtige Öffnungen, die bei Sturmflut geschlossen werden, strömt das Tidewasser. Eine zusätzliche Schleuse dient dem Schiffsverkehr.

Vorangehende Doppel-seite: Sturmsee an der Sylter Westküste. Der Sylter Strand fällt schnell ab in die tiefere Nordsee, und je tiefer das Wasser, desto höher ist der Wellengang, der an keiner anderen deutschen Küste so ein-drucksvoll ist wie auf Sylt. Entsprechend der Mäch-tigkeit von Sturmfluten sind aber auch die dauern-den Landverluste dieser größten deutschen Nord-seeinsel.

sondern mancherorts weit übertraf. Am Pegel St. Pauli stieg die Flut 6,45 Meter über NN, also 75 Zentimeter höher als 1962. In Cuxhaven lauteten die Daten plus 16 Zentimeter, in Büsum plus 20 Zentimeter, in Husum plus 40 Zentimeter und in Wyk auf Föhr plus sieben Zentimeter. Dagegen blieb die Flut des 3. Januar 1976 auf Sylt und Amrum niedriger als die Orkanflut 1962.

Auch zwischen Ems und Weser blieb die Januar-flut 1976 unter den bisherigen Höchstwasser-ständen vom 13. März 1906 beziehungsweise vom 16. Februar 1962. In der Jade waren es bis zu 78 Zentimeter, in der Leybucht rund 20 Zentimeter und in Emden 15 Zentimeter. In Papenburg jedoch wurde der Höchststand um 32 Zentimeter über-schritten.

Die Sturmflut am 3. Januar 1976 entwickelte sich aus einem fast windstillen Vortag, traf aber mit der Springtide zusammen, was zu dem hohen Wasserstand entscheidend beitrug. Der Sturm war nämlich deutlich weniger stark als 1962. Und diese hohe Flut hatte noch ein spezielles Merk-mal: Es war eine Tages-, also eine „Fernsehflut", die man in allen Haushalten der Bundesrepublik auf dem Bildschirm verfolgten konnte. Fast alle anderen großen Fluten hatten sich nachts ereig-net und waren auch deshalb besonders heimtü-ckisch, weil die Dunkelheit die Gefahr verbarg. Die Sturmflut 1976 stieß, wie gesagt, auf inzwi-schen verstärkte Küstenschutzwerke, und so hielten sich die Schäden – verglichen mit 1962 – in Grenzen, ungeachtet der millionenhohen Scha-denssumme.

Die schlimmsten Schäden gab es in der nordwestlich von Hamburg gelegenen Haseldorfer Marsch, wo nach einem Deichbruch 40 Quadratkilometer Siedlungsland überflutet wurden, Hunderte von Menschen in große Gefahr gerieten und etliche durch Hubschrauber gerettet werden mussten. Einen Deichbruch gab es auch am Christianskoog in Dithmarschen, wo sich dramatische Ereignisse abspielten, alle Menschen und das Vieh jedoch rechtzeitig evakuiert werden konnten.

In Hamburg wurde das Hafengebiet hoch überflutet, ebenso die unteren Häuserreihen von Blankenese und Övelgönne. Hier sind die Bewohner der festen Überzeugung, dass die Eindeichungen rechts und links der Elbe sowie die Sperrwerke

Alle Mann auf den Deich! Katastrophenalarm an der Nordseeküste: Funk und Fernsehen haben einen Orkan mit hohen Wasserständen über Normalnull gemeldet, und Feuerwehren und Freiwillige stehen auf den Deichen bereit, um mit Sandsäcken Fluteinbrüche und das Überschlagen der Wellen zu verhindern.

107

Schwere Sturmflut vor St. Peter-Ording. Die Sandbank und die Badebrücke sind überflutet, doch die Pfahlbauten, darunter das Restaurant „Arche Noah", trotzen auf ihren hohen Ständern dem Wüten des Meeres.

an den Flüssen nebst Elbvertiefung den höheren Flutaufstau in den letzten Jahrzehnten verursacht haben. Die Hamburger sehen sich quasi als Verlierer der Küstenschutzmaßnahmen in Niedersachsen und vor allem in Schleswig-Holstein. 1976 flaute der Sturm jedoch vor Hochwasser ab, sodass die befürchteten Höchststände nicht erreicht wurden. Hätte der Sturm in voller Stärke bis über die Hochwasserzeit hinweg geweht, hätte die Flut des 3. Januar 1976 vermutlich an fast allen Bereichen der Nordseeküste den höchsten jemals gemessenen Stand erreicht. Die andere Sturmflut des Jahres 1976 ereignete sich in der Nacht vom 20. auf den 21. Januar, traf also noch auf die zuvor angerichteten Schäden der Flut vom 3. Januar. Aber die Dauer des Sturms war relativ kurz, und die Flut blieb unter der befürchteten Höhe und Wirkung.

Beide Fluten aber forcierten weitere Maßnahmen des Küstenschutzes, vor allem den Bau von „zweiten" Deichlinien vor älteren Kögen und Poldern an der Nordseeküste. Im Bereich des unverändert tideoffenen Hafengebietes von Hamburg erfolgte die „Einpolderung" von Wohngebieten und Gewerbeflächen durch Schutzmauern, eine Maßnahme, die die privaten und gewerblichen Anlieger viel Geld kostete, jedoch vom Senat mit 50 bis 75 Prozent bezuschusst wurde.

Die Sturmfluten vom Januar 1976 blieben nicht die letzten. Auch am 21. November 1981 und am 28. Januar 1994 lief der „Blanke Hans" hoch gegen die Nordseeküste und in Hamburg auf. Und generell gilt, wie wir wissen, dass in zukünftigen Jahrhunderten mit noch höheren Fluten zu rechnen ist. Die nacheiszeitliche Erwärmung des Erdklimas – in der Gegenwart begünstigt durch die Energiewirtschaft des Menschen – und der damit einhergehende Anstieg des Meeresspiegels sind Entwicklungen, deren Ende nicht absehbar ist. Sie erfordern einen auf lange Sicht angelegten intensiven Küstenschutz, wenn Inseln, Halligen und das Land an der Nordseeküste bewahrt werden sollen.

Wer nicht
will deichen,
muss weichen

Naturgewalten prägen das Leben der Menschen am Meer, heute wie vor tausend Jahren. Aber die Festlandsküste an der Nordsee und auch einige Inseln sind in ihrer gegenwärtigen Gestalt auch ein Werk von Menschenhand – durch Landgewinnung, Deichbau und andere Maßnahmen des Küstenschutzes. Und wenn die Holländer sagen: „Gott schuf die Welt, der Holländer Holland", so lässt sich diese Redensart auch auf die norddeutschen Küstenmarschen zwischen Ostfriesland und Nordfriesland, auf Inseln wie Pellworm und Nordstrand übertragen. Ohne die Anstrengungen der Küstenbewohner wären beide Inseln schon im Wattenmeer verschwunden, sähen die ostfriesischen Düneninseln an ihrer Westseite ganz anders aus und wäre die Festlandsküste ein Gewirr von eingerissenen Buchten, Marscheninseln und Halligen.

Dem Anstieg des Meeresspiegels und den häufiger werdenden Einbrüchen von Sturmfluten begegneten die Küstenbewohner zu Beginn der Zeitrechnung zunächst mit dem Bau von Wohnhügeln, den Wurten oder Warften. Auf dem überflutungsgefährdeten Land ringsum konnte aber nur Viehzucht, kein Getreideanbau betrieben werden. Um das Jahr 1000 – einige Forscher meinen, bereits um 900, andere, erst um 1100 – begann der Deichbau, zunächst in Form sogenannter Sommerdeiche mit einer Höhe, die wohl sommerliche Überflutungen verhinderte, nicht aber die mächtigeren Fluten im Herbst und Winter abwies. Der Deichbau setzte eine umfangreiche Organisation der oft weiträumig siedelnden Küstenbewoh-

Viereck an Viereck reihen sich die Buhnen für die Landgewinnung an der Nordseeküste hin. Zwischen den eingerammten Pfahlreihen wird Buschwerk eingeflochten, um Strömung und Wellengang zu hindern und die Sedimentation und das Aufwachsen der Wattenflächen zu befördern.

ner sowie eine entsprechende Gesetzgebung voraus. Die älteste Satzung ist jene aus Rüstringen aus der Zeit um 1100. Hier heißt es: „Das ist Landrecht, dass wir Friesen eine Seeburg zu stiften und zu stärken haben, einen goldenen Ring, der um ganz Friesland liegt ... Wir Friesen wollen unser Land verteidigen mit drei Werkzeugen, mit dem Spaten und mit der Schiebkarre und mit der Forke." Weitere Hinweise auf den Deichbau liefern die 17 „Küren", also die Paragrafen zur Regelung des Deichbaus und Deichschutzes, die um 1156

Der Deichbau wird seit etwa tausend Jahren an der Nordseeküste betrieben, zunächst mit einfachsten Mitteln, mit Tragbahren aus Holz oder mit Pferdefuhrwerken, deren Beförderung im weichen Schlick- und Marschenboden aber sehr problematisch war. Dann „erfanden" die Holländer die Schubkarre, die – auf einfachen Bretterstegen – bald das Hauptgerät für den Deichbau wurde – bis in das 20. Jahrhundert hinein.

verfasst wurden. Und um 1180 schrieb der Chronist Saxo Grammaticus über Nordfriesland: „Damit die Fluten nicht einbrechen, ist das ganze Ufer von einem Wall umgeben ..." Auch die Bedeichung der Flussmarschen an Elbe und Weser wird in das 12. Jahrhundert datiert.

„Goldene Ringe", so werden noch heute die Deiche genannt. Unauffällig, ja harmonisch fügen sie sich in die Küstenlandschaft ein, ohne monumental zu wirken. Aber Deiche gehören zu den größten Werken der Menschheit! Allein an der West-

113

Vorangehende Doppelseite:
Wenn heute ein Deich
gebaut wird, ist von Men-
schen nicht mehr viel zu
sehen. Spülbagger spülen
– wie hier auf Pellworm –
aus Wattenströmen die
Sandmassen auf, Greif-
bagger und Planierraupen
formen anschließend den
Sand zum Deichprofil.

küste von Schleswig-Holstein gibt es insgesamt rund um die vor- und nebeneinander liegenden Köge etwa 2000 Kilometer Deichlänge, die mit einfachsten Mitteln, Holzbahren und Schubkarren, aufgebaut wurde. Erst gegen Ende des 19. Jahrhunderts kam die maschinelle Technik den Küstenbewohnern zu Hilfe. Nicht weniger imposant sind die Anstrengungen an den Küsten Ostfrieslands, Oldenburgs, an der Weser und Elbe. In Ostfriesland werden eingedeichte Marschen, wie in Holland, Polder genannt, im Raum Jade-Weser heißen sie Binnengroden, in Nordfriesland und Dithmarschen, wie gesagt, Köge.

Der Deichbau erforderte den Einsatz aller Einwohner des eingedeichten Gebietes, und bei der Lösung dieser Aufgabe waren Standesunterschiede nur hinderlich. Leibeigenschaft war hier infolgedessen unbekannt, und auf diese Tatsache gründete sich die sprichwörtliche Freiheit der Friesen. Aber aus dem Deichbau resultierte nach der Fertigstellung die „Deichpflicht". Entsprechend ihrem Vermögen an Haus, Hof und Landbesitz mussten die Bewohner des im Deichschutz liegenden Landes eine Deichstrecke ständig pflegen und nach Sturmfluten die Beschädigungen beseitigen. Wer diese Aufgabe vernachlässigte, wurde streng zur Ordnung gerufen und bestraft, denn eine unsichere Stelle im Deich gefährdete das ganze Land, nicht nur das des Pflichtsäumigen. „Wer nicht will deichen, muss weichen" hieß ein Spruch, der sinngemäß von Anfang an in den Deichgesetzen stand, die man „Spadelandrecht" nannte. Konnte oder wollte jemand seiner Deich-

pflicht nicht nachkommen, steckte er einen Spaten auf seine Deichstrecke, und es erfolgte die entschädigungslose Enteignung seines Besitzes, entsprechend der Verordnung im Spadelandrecht. Haus, Hof und Land wurden nun Verwandten oder Nachbarn des Betroffenen oder, falls diese die Übernahme verweigerten, dem Kirchspiel oder dem gesamten Koog zur Übernahme angeboten. Der Enteignete aber musste mit seiner Familie mittellos auswandern oder als Tagelöhner sein weiteres Leben fristen. Insbesondere nach Sturmfluten und schweren Deichschäden kam es zu solchen Ereignissen, weil bei manchem die Mittel zur Deichreparatur erschöpft waren. Eine besonders dramatische Enteignung gab es, wie schon kurz dargestellt, nach dem Untergang

Beim Grüppeln im Lahnungsfeld der Landgewinnung – eine Arbeit, die im zähen Klei jahrhundertelang mit dem Spaten erfolgte. Durch Grüppeln wird der Wattboden zusätzlich erhöht, und in den Gräben zwischen dem Aushub lagern sich Sedimente ab.

117

Bis über die Knie standen die Wasserbauwerker früher beim Grüppeln im Schlick. Heute werden Grüppelbagger eingesetzt, die in kurzer Zeit die Grüppel zwischen den Schlickbeeten ausheben und aufwerfen.

von Alt-Nordstrand im Jahr 1634. Weil die wenigen Überlebenden die gewaltigen Deichdurchbrüche nicht reparieren konnten, teilte Herzog Friedrich III. die Inselreste einer Gesellschaft niederländischer Partizipanten zu, denen erhebliche Abgaben- und sonstige Freiheiten eingeräumt wurden. Unter anderem durften die Partizipanten im damals rein evangelischen, zum Königreich Dänemark gehörenden Herzogtum Schleswig eine katholische Kirchengemeinde auf Nordstrand begründen, die noch heute vorhanden ist. Zwischen 1654 und 1739 gewannen die Partizipanten vier Köge, das Kernstück der heutigen Insel Nordstrand, verloren aber 1751 durch eine Sturmflut einen fünften gerade bedeichten Koog, sodass etliche in Konkurs gerieten. Die Alt-Nordstrander aber, die 1634 ihrer Deichpflicht nicht genügen konnten, wanderten aus und siedelten sich vor allem in der Uckermark an, während andere als Tagelöhner in die Dienste der neuen Herren traten und in der Heimat blieben.

Jahrhundertelang blieben die Deichgesetzgebung und die Einhaltung ihrer Vorschriften, die der Deichgraf beziehungsweise die „Deichacht" beaufsichtigte, in der Eigenverantwortung der Bewohner des eingedeichten Gebietes. Erst im Laufe des 19. Jahrhunderts gingen das Gesetzwesen sowie die Organisation des Deichbaus und der Deichpflege zunehmend in die Hand des Staates über. Aber noch bis Ende des 19. Jahrhunderts blieb die am Vermögen des Landbesitzers orientierte Deichpflicht bestehen, der Hand- und Spanndienste, wozu vor allem das jährliche Besticken des Deichfußes mit Stroh gehörte, leisten musste.

Heute werden Neubauten von Deichen zu 60 Prozent von der Bundesregierung, zu 40 Prozent von den betreffenden Küstenländern Niedersachsen, Bremen, Hamburg und Schleswig-Holstein getragen. Aber für die Unterhaltung bestehender Deiche werden unverändert die Deichpflichtigen, vertreten durch Deich- und Sielverbände oder durch die Deichachten, die in Ostfriesland und Oldenburg immer noch ihre traditionelle Rolle spielen, herangezogen. Deichpflichtig sind alle Anlieger von Land bis fünf Meter über NN. Während die Deiche zu Beginn der Neuzeit nur etwa drei Meter hoch und 15 Meter breit waren und eine relativ steile Innen- und Außenböschung aufwiesen, die oft zu Unterspülungen und Absackungen führte, messen heutige „Landesschutzdeiche" bis zu 110 Meter Breite und ragen an der Krone bis zu 7,50 Meter über das Mitteltidehochwasser hinaus. Die sanft ansteigende Außenböschung, am Fuß durch ein Deckwerk oder durch Vorland geschützt, bietet der Sturmflutbrandung keinen Angriffspunkt. Und während früher an Deichbaustellen Tausende von Arbeitern das Bild bestimmten, regieren dort heute Maschinenungetüme. Weit draußen in einem Wattenstrom, oft kilometerweit von der Baustelle entfernt, gehen Spülbagger vor Anker und drücken durch lange Rohrsysteme ein Sand-Wasser-Gemisch in das projektierte Deichbett. Das Wasser läuft zurück, der Sand bleibt liegen und wird von Baggern und Planierraupen zum Deichprofil geformt. Es summt und brummt an der Großbaustelle, aber Menschen sind kaum noch zu sehen. Der „Schimmelreiter", jener Deichgraf Hauke Haien, dem Theodor Storm ein literarisches Denkmal gesetzt hat und nach dem ein Koog an der nordfriesischen Festlandsküste benannt ist, würde heute die Welt nicht mehr verstehen, auch wenn er zu seiner Zeit durchaus fortschrittliche Gedanken vertrat und gegen Rückständigkeit und Aberglauben kämpfte.

Eine unmittelbare Voraussetzung für den Deichbau ist die vorausgegangene „Landgewinnung". Grundsätzlich wirkt das Meer als Zerstörungskraft in seinem natürlichen Drang, alles, was höher ist als der Meeresspiegel oder den Wellen Widerstand bietet, einzuplanieren. Das Meer baut

aber auch auf, denn jede Flut wirbelt im Wattenmeer Schlickmassen und sonstige Sedimente
hoch, die an strömungsruhigen Stellen abgelagert
werden, begünstigt durch Spring- und Sturmfluten bis über die mittlere Hochwasserlinie hinaus.
So wurden die Küstenmarschen mit ihren Poldern
und Kögen, die Heller, Groden und Halligen der
See abgerungen, als der Meeresspiegel noch um
anderthalb Meter höher war als heute! Aber auch
die biologisch wertvollen Salzwiesen verdanken
ihre Entstehung weitgehend menschlicher Tätig-
keit.

Wenn man auf einem Deich an der Nordseeküste
steht, sieht man vor dem Deichfuß ein System
von Buhnen, die bis zu 400 Meter in das Meer
hinausreichen. Die Buhnen werden aus zwei Rei-

Die Landgewinnung beginnt
mit dem Bau eines Lah-
nungsfeldes. Buhnenreihen
werden eingerammt und bil-
den hektargroße Vierecke,
vom Ufer einer Insel oder
von einem Deichfuß ausge-
hend hinaus auf das Watt. In
der Schute hinten liegt das
Buschwerk zum Einflechten
zwischen den Pfählen.

Tetrapoden wurden als Wellenbrecher und Küstenschutzmaterial an der französischen Atlantikküste zuerst verwendet. Auf Sylt wurden sie bei Hörnum und Westerland eingesetzt. Aber diese vierfüßigen Betonungetüme förderten die Lee-Erosion und kommen heute nicht mehr in Gebrauch.

hen tief in den Wattboden gerammter Pfähle gebildet, zwischen denen Buschwerk eingeflochten ist. Die etwa einen Hektar großen, durch parallel und senkrecht zur Küstenlinie verlaufende Buhnen gebildeten Vierecke, die Lahnungsfelder, weisen zur See hinaus in gerader Linie eine Öffnung auf, sodass die Flut durch diese Lücken einfließen kann. Die Buhnen beruhigen Strömung und Wellengang, und im ruhigen Wasser lagert sich ein Teil der Sedimente ab, sodass der Wattboden im Laufe der Jahre und Jahrzehnte immer höher wird. Unterstützt von regelmäßigen Grüppelarbeiten, bei denen Gräben ausgehoben werden und der Wattboden zu Beeten erhöht wird, steigt das Watt schließlich über das mittlere Hochwasser, begrünt sich mit Schlickgras, Queller und Andelrasen und lässt sich als Schafweide nutzen. Schafe spielen eine große Rolle für den Küstenschutz. Sie sind die „Rasenmäher" auf den Deichen, treten auf dem Vorland oder Neuland den Boden fest und halten die Grasnarbe kurz und dicht.

Liegt das Neuland in einer größeren Fläche vor dem Deich oder vor einer Inselküste, dann lohnt es sich, die Fläche einzudeichen, und damit ist ein neuer Polder, Koog oder Binnengroden entstanden. Auf diese Weise sind die großen Sturmfluteinbrüche des Mittelalters in die Ems (Dollart), Harle und Jade wieder reduziert oder ganz ausgeglichen worden. Auseinandergerissene Küstenmarschen wie Butjadingen, Eiderstedt und Wiedingharde wuchsen durch solche Neulandgewinnung wieder zusammen.

Erst in jüngster Zeit ist die Bedeichung von Vorlandflächen in die Kritik von Naturschützern geraten. Sorgt die eigentliche Landgewinnung einerseits dafür, dass ständig Schlickwatten mit hoher Bioproduktion und Salzwiesen mit seltener Fauna und Flora aufwachsen, so bedeutet andererseits die Eindeichung die Umwandlung in eine landwirtschaftliche Nutzfläche, wobei die natürliche Vielfalt wieder zerstört wird.

Strandungsfälle, Strandräuber und Rettungsmänner

Sturmfluten, die über Deiche und Dünen, Inseln und Halligen rasen und Land und Leben bedrohen, waren in früheren Jahrhunderten nicht allen Küstenbewohnern ein Schrecken und Feind. Auf den hohen Geest- und Düneninseln, ob vor der ost- oder der nordfriesischen Küste, knüpften sich an die Stürme ganz andere Erwartungen und Spannungen: Unwetter waren die beste Voraussetzung für Strandungsfälle.

Diese Strandungsfälle gehörten zu den aufregendsten Ereignissen im Leben der Insulaner und Küstenbewohner, nicht nur wegen der Dramatik des Geschehens, bei dem Menschenleben, Schiff und Ladung auf dem Spiel standen, sondern auch wegen der Aussicht auf legalen Gewinn durch Bergelöhne für gerettete Schiffsgüter oder gar Wiederflottmachen des gestrandeten Schiffes. Aber auch die „Strandräuberei" stand noch bis in die jüngste Zeit in höchster Blüte. Strandräubern hieß damals, angeschwemmte und geborgene Schiffsgüter heimlich nach Hause zu schaffen und den Behörden nicht zu melden. Denn natürlich hatte die Obrigkeit Augen und Hände auf dem „Strandsegen" – Häuptlinge und Grafen in Ostfriesland unterschieden sich in dieser Hinsicht nicht von Herzögen und Königen in Nordfriesland. Überall galten bei einem Strandungs- beziehungsweise Bergungsfall bis Anfang des 19. Jahrhunderts die gleichen Regeln: ein Drittel des geborgenen Gutes für den Landesherrn, ein Drittel für die Berger und nur ein Drittel für die Eigentümer, den Reeder als Eigner des Schiffes und die „Ladungsinteressenten", die Kaufleute, als Eigner der Ladung.

Zu den ersten fotografischen Dokumenten von Strandungen auf Sylt zählt diese Abbildung der Kuff „De Spreut" vor Wenningstedt im September 1872, kurz bevor sie von der Brandung zerschlagen wurde.

Bemerkenswert ist aber auch die Beteiligung der Kirche am Strandsegen. Bei Bergungsfällen an den Stränden der Ostfriesischen Inseln wurde der Bergelohn auf alle Häuser des zuständigen Dorfes verteilt. Auch die bei der Bergung nicht beteiligten Witwen wurden durch ein „Los" berücksichtigt. Berger mit Fuhrwerken oder Schiffen erhielten zwei Lose, ebenso der Inselvogt und der Pastor. Als 1702 ein Bremer Schiff bei Langeoog strandete, war der Inselpastor gerade auf Reisen und wurde bei der Verteilung des Bergelohnes übergangen. Nach seiner Rückkehr mussten die Berger aber einen Teil ihres Lohnes wieder herausrücken, um die Ansprüche des Pastors zu befriedigen. Auch auf der Insel Amrum wurde die St.-Clemens-Gemeinde am „Strandsegen" in der

126

Zeit von 1820 bis 1923 mit fünf Prozent des Bergelohnes beteiligt. Vorsitzende des dazu gegrün-
deten Strandlegates waren die jeweiligen Pasto-
ren, ihre Stellvertreter die Küster.

Wie erwähnt, spielte die Strandräuberei eine
große Rolle, da die ansonsten sittlich sehr gefes-
tigten Insulaner sie nicht als unehrenhaft emp-
fanden. Ja, noch bis zum Beginn des 18. Jahrhunderts soll es vorgekommen sein, dass die Schiffe
in Sturmnächten durch falsche Feuerzeichen in
die Brandung der Inselstrände gelockt wurden.
Jedenfalls nimmt das Strandgesetz des dänischen Königs Friedrich IV. von 1705 darauf Bezug
und bedroht diesen Frevel mit der Todesstrafe.
Und anno 1713 sollen Sylter Strandräuber noch
Schiffbrüchige ermordet haben – so jedenfalls

Untiefen und Sandbänke
an der Nordseeküste
bedingten eine Vielzahl
von Strandungsfällen, die
unter den Bewohnern
immer für große Aufregung
sorgten. Es konnte viel
Geld durch die „legale"
Bergung von Schiff oder
Ladung verdient werden.
Aber auch die Strandräu-
berei, das verbotene heim-
liche Bergen von
Strandgütern, stand in
höchster Blüte.

Vorangehende Doppelseite: Der Strandvogt ist unterwegs und fährt nach einer Sturmflut seinen Strandbezirk ab, um Strandgut aufzuladen. Früher war das Amt des Strandvogtes das begehrteste an der Küste, waren doch damit oft hohe Verdienste über Bergelöhne verbunden. Aber seit 1991 gibt es dieses Amt an deutschen Küsten nicht mehr. Heute gilt das normale „Fundrecht" des Bürgerlichen Gesetzbuches.

meldet es ein in eine Sage eingekleideter Bericht. Im Jahre 1699 mussten sich 19 Personen aus Rantum vor Gericht verantworten, weil sie ein „Oxhoft Wein vom Strande paredieret" hatten. Kurz vorher war die gesamte Einwohnerschaft dieses Sylter Dünendorfes wegen Strandräuberei zum Amtshaus in Tondern bestellt worden. Und als 1816 die britische Brigg „Emulous" bei Amrum strandete, wurden im Gefolge der Bergungsarbeiten 27 Männer von der Insel als Strandräuber ermittelt und zu Gefängnisstrafen verurteilt. Das war ein Viertel der erwachsenen männlichen Bevölkerung. Vergeblich schrieb der damalige Pastor Mechlenburg an den König und bat um Gnade, „weil die Familien der Delinquenten in höchste Not geraten". Mehr Erfolg hatte im Jahre 1883 die Petition des Spiekerooger Pastors Nellner. Dort waren neun Schiffer zu Gefängnisstrafen verurteilt worden, aber sie wurden nach dem Gesuch des Pastors vom Deutschen Kaiser Wilhelm I. begnadigt.

Kein Sturm ohne Strandungsfall an der Nordseeküste – diese Feststellung war zutreffend, solange Segelschiffe die Seefahrt auf den Weltmeeren beherrschten, und das war bis Anfang des 20. Jahrhunderts der Fall. Niemand hat die Strandungsfälle an der Nordseeküste zwischen Mittelalter und Gegenwart gezählt. Aber es sind Tausende. Und keine Ereignisse an der Küste haben so viele – heute noch nachlesbare – Dokumente in Archiven hinterlassen wie die Strandungsfälle, ging es doch um die oft komplizierte und von Prozessen begleitete Verteilung der Bergelöhne und die Befriedigung anderer Ansprüche, seit Ende des 19. Jahrhunderts auch um die genaue Darstellung des Strandungs- oder Seenotfalles im Zusammenhang mit Seeamtsverhandlungen.

Seit dem Mittelalter hatten von den Landesherren eingesetzte Strandvögte die Aufgabe, der Strandräuberei zu wehren und die Ansprüche der Obrigkeit zu sichern, und noch bis Anfang des 20. Jahrhunderts leiteten diese Amtspersonen die Bergung der Ladung und womöglich des gestrandeten Schiffes, ehe sie von Bergungsfirmen und Bergungsschleppern aus dem Geschäft gedrängt wurden. Geblieben ist bis heute der hohe Bergelohn von bis zu einem Drittel vom Wert des Geborgenen. Aber auch die Regel „Keine Bergung – kein Geld" hat durch Jahrhunderte ihre Gültigkeit behalten.

Erst mit der Verbesserung des Seezeichenwesens und dem Aufkommen von zunächst dampf-, dann brennstoffgetriebenen Schiffen ging die Zahl der Strandungsfälle zurück. Aber auch die hoch entwickelte Navigationstechnik der Gegenwart kann nicht immer verhindern, dass bei Sturmfluten Schiffe in Seenot geraten und verloren gehen.

Eine besondere Rolle spielt seit Mitte des 19. Jahrhunderts das Rettungswesen an der deutschen Nordseeküste. Hatten die Küstenbewohner lange Zeit einen eher zweifelhaften Ruf als Berger und „Strandräuber", so stellten sie nun ihre seemännischen Fähigkeiten in den Dienst von Rettungsgesellschaften und setzen nicht selten das eigene Leben ein, um Schiffbrüchige zu retten.

Ein heute fast vergessener Autor, der 1862 in Ottensen bei Hamburg geborene und dort 1926 gestorbene Otto Ernst Schmidt, Künstlername: Otto Ernst, hat die Dramatik von Strandungsfall und Rettungstat in dem Gedicht „Nis Randers" verewigt, dessen Wortgewalt sich bis heute kaum jemand entziehen kann.

Krachen und Heulen und berstende Nacht,
Dunkel und Flammen in rasender Jagd
Ein Schrei durch die Brandung!

Und brennt der Himmel, so sieht man's gut:
Ein Wrack auf der Sandbank! Noch wiegt es die Flut;
Gleich holt sich's der Abgrund.

Nis Randers lugt – und ohne Hast
Spricht er: „Da hängt noch ein Mann im Mast;
Wir müssen ihn holen."

Da fasst ihn die Mutter: „Du steigst mir nicht ein:
Dich will ich behalten, du bliebst mir allein,
Ich will's, deine Mutter!

Dein Vater ging unter und Momme, mein Sohn;
Drei Jahre verschollen ist Uwe schon,
Mein Uwe, mein Uwe!"

Nis tritt auf die Brücke. Die Mutter ihm nach!
Er weist nach dem Wrack und spricht gemach:
„Und seine Mutter?"

Nun springt er ins Boot, und mit ihm noch sechs:
Hohes, hartes Friesengewächs;
Schon sausen die Ruder.

Boot oben, Boot unten, ein Höllentanz!
Nun muss es zerschmettern ...! Nein: es blieb
ganz! ...
Wie lange? Wie lange?

Mit feurigen Geißeln peitscht das Meer
Die menschenfressenden Rosse daher;
Sie schnauben und schäumen.

Wie hechelnde Hast sie zusammenzwingt!
Eins auf den Nacken des andern springt
Mit stampfenden Hufen!

Drei Wetter zusammen! Nun brennt die Welt!
Was da? – Ein Boot, das landwärts hält –
Sie sind es! Sie kommen! – –

Und Auge und Ohr ins Dunkel gespannt ...
Still – ruft da nicht einer? – Er schreit's durch die
Hand:
„Sagt Mutter, 's ist Uwe!"

Schon im 18. Jahrhundert hatten die Landesherren in ihren Strandverordnungen nicht nur festgelegt, wie mit den geborgenen Schiffsgütern und
den Wracks umzugehen war, sondern auch die
Rettung der Schiffbrüchigen befohlen. Und die
Insulaner und Küstenbewohner fühlten sich –
unabhängig vom Interesse am Strandgut –

Rechts: Ein ungewöhnlicher Altar in der Kapelle von Wittdün/Amrum. Er zeigt in einem Flügel den am 24. November 1922 südlich von Amrum gestrandeten und gesunkenen Hamburger Dampfer „Albis". Die Besatzung, 18 Mann, hatte sich in den Mast geflüchtet und konnte durch Amrumer Rettungsboote in Sicherheit gebracht werden.

durchaus dazu berufen, nicht nur aus „Christenpflicht", wie es ein Sylter Strandvogt seinerzeit formulierte, sondern auch, weil sie selbst Seefahrer und somit die Schiffbrüchigen „Berufsbrüder" waren.

Es fehlte aber an Rettungsmitteln. Rettungsboote und Leinenschussgeräte gab es seit Anfang des 19. Jahrhunderts zwar an den britischen Küsten und seit Ende der vierziger Jahre des 19. Jahrhunderts auch an der dänischen Westküste, nicht jedoch auf den deutschen Nordseeinseln einschließlich der seinerzeit zum dänischen Gesamtstaat gehörenden Nordfriesischen Inseln. Es war dann ein dramatischer Strandungsfall, der die Öffentlichkeit erschütterte und entsprechende Initiativen in norddeutschen Hafen- und Handelsstädten auslöste. Dieser Strandungsfall sollte hinsichtlich der Todesopfer bis heute der bedeutendste an deutschen Küsten bleiben. Es war am 6. November 1854, als die mit 216 Auswanderern und 14 Besatzungsmitgliedern unter Kapitän Diedrich Oldejans von Bremerhaven nach Baltimore segelnde Bark „Johanne" bei schwerem Sturm mit Orkanböen in die Brandung der Ostfriesischen Insel Spiekeroog geriet. Dort legte sich das Schiff, überschüttet von Brechern, auf die Seite, sodass die Besatzung die Masten kappte, um ein gänzliches Umschlagen zu verhindern. Der Großmast fiel jedoch auf das Kajütendeck und zertrümmerte es, wobei schon etliche der Passagiere den Tod fanden. „Die Brandung brach nun gegen das Verdeck und zerschlug nach und nach die Kajüte, wobei schrecklich viele Pas-

sagiere über Bord gespült und teilweise durch die gegen das Schiff antreibenden Masten und sonstigen Gegenstände zerschmettert wurden …", hieß es in der späteren „Verklarung" des Kapitäns. Die Zustände unter den vielen Menschen an Bord waren unbeschreiblich. Die Auswanderer, infolge des tagelangen Sturmes und des Umhertreibens auf bewegter See von Seekrankheit gepeinigt und dem Wahnsinn nahe, mussten nun in der Strandbrandung von Spiekeroog um ihr Leben kämpfen. Am Strand standen die Insulaner und sahen dem furchtbaren Schauspiel hilflos und betroffen zu. Es war ganz unmöglich, ein Boot in die Brandung zu schicken, die Leiche um Leiche, Kinder, Frauen und Männer, auf den Strand warf. Erst als nach etlichen Stunden Ebbe eintrat, das Wasser zurückfiel und die Brandung sich mäßigte, konnten die Überlebenden, darunter viele Schwerverwundete, an Land gebracht und versorgt werden. Dort spielten sich dann weitere Tragödien ab, als Männer und Frauen vergeblich nach ihren Kindern und Ehepartnern suchten und einige der Geretteten doch noch an Erschöpfung und Unterkühlung starben. Spiekeroog hatte seinerzeit nur 30 Häuser, und die Bewohner lebten selbst in bescheidenen Verhältnissen. Nun mussten plötzlich rund 150 Schiffbrüchige versorgt werden – eine fast übermenschliche Aufgabe!

Eine Bilanz ergab dann, dass von den 216 Auswanderern 77 den Tod gefunden hatten, darunter 18 Männer, 34 Frauen, 18 Kinder unter zehn Jahren und sieben Säuglinge. Die Schiffsbesatzung hingegen hatte die Katastrophe vollständig überlebt – mit Ausnahme eines Matrosen, der aber schon Tage vor der Strandung bei einem Segelmanöver im Sturm über Bord gefallen war.

Am 9. November 1854 wurden die Toten in einem Dünental östlich des Dorfes begraben. Aber bis in das Frühjahr 1855 hinein trieben noch weitere Leichen an, die ebenfalls auf dem Heimatlosenfriedhof, „Drinkeldodenkarkhof" genannt, ihre letzte Ruhestätte fanden. Die Überlebenden hatten schon Mitte November 1854 mit Dankesbezeugungen gegenüber den Bewohnern Spiekeroogs die Insel verlassen; sie kehrten entweder in ihre Heimat zurück oder wanderten auf anderen Schiffen nach Amerika aus.

Als dann vier Jahre später, am 10. September 1860, bei Borkum die Brigg „Alliance" strandete und wieder neun Tote zu verzeichnen waren, schritt der Oberinspektor Georg Breusing aus Emden zur Tat. Er gründete, unterstützt vor allem von Kaufleuten und Seefahrerkreisen, den „Verein zur Rettung Schiffbrüchiger in Ostfriesland". Auf den Ostfriesischen Inseln Langeoog und Juist, Norderney und Baltrum wurden ab 1861 aus England stammende Francis-Boote stationiert. Sie waren aus Eisen und hatten vorne und hinten Luftkammern als Sinkschutz. Die Besatzung bestand aus zehn Mann, die sich als Freiwillige auf den jeweiligen Inseln für das Rettungswerk verfügbar hielten. Wenig später wurden Rettungsvereine auch in Bremerhaven und Hamburg sowie an der Ostseeküste gegründet.

Zu dieser Zeit ließ auch die Handelskammer Bremen die Verhältnisse an der Küste untersuchen. In

Folgende Doppelseite: „Strandräuber" in Aktion. Im Oktober 1931 trieben sechs Kisten mit jeweils 100 000 Rasierklingen auf den Inseln Sylt, Föhr und Amrum an und setzten die Bevölkerung in Bewegung. Mancher Sack voll Rasierklingen wurde in die Häuser geschafft. Aber dann bekamen die Strandvögte Kunde von diesem „Strandsegen" und hielten Haussuchungen mit der Polizei. Als „Strandräuber", verschärft als „Bandenräuber" – weil zu mehreren –, erhielten etliche Insulaner eine entsprechende Strafe.

137

Strandräuberei war seit jeher die Leidenschaft der Küstenbewohner, die bargen, was die Nordsee an den Inselstrand geworfen hatte, obwohl nur der von der Landesherrschaft eingesetzte Strandvogt dazu berechtigt war. Wurden Strandräuber erwischt, gab es Gefängnis- und sogar Zuchthausstrafen – die allerdings im Gegensatz zu „kriminellen" Taten in den Augen der Inselbewohner nicht unehrenhaft waren.

der „Wochenschrift für Vegesack und Umgebung" vom 21. November 1860 wurde ein Aufruf der Advokaten C. Kuhlmay und A. Bermpohl abgedruckt, in dem auf die über 100 Rettungsstationen an den Küsten Großbritanniens und auf mehr als 11 000 Gerettete in den 36 Jahren des Bestehens der „Royal National Life Boat Institution" hingewiesen wurde. In diesem Zusammenhang war dann von der „Schmach an deutschen Küsten" die Rede, wo keine Rettungsmittel vorhanden seien, „vielmehr der Schiffbrüchige zu sehen genötigt ist, dass einzelne entmenschte Inselbewohner seinen Tod wünschen, um in erbärmlicher Habsucht das sogenannte Strandrecht ausüben zu können!" Die drohende Zersplitterung des Rettungswerkes in etliche Einzelvereine konnte durch den Redak-

teur des „Bremer Handelsblattes", Dr. Arwed
Emminghaus, verhindert werden. Auf seine Initia-
tive hin versammelten sich die Vertreter der Rettungsvereine in Kiel und gründeten dort am 29.
Mai 1865 die „Deutsche Gesellschaft zur Rettung
Schiffbrüchiger" (DGzRS), deren erster Vorsitzen-
der der Bremer Kaufmann und Gründer des Norddeutschen Lloyd, Hermann Henrich Meier, wurde.
Er blieb es 33 Jahre lang, bis zu seinem Tod 1898,
inzwischen 89 Jahre alt.

Für die von Bremen aus arbeitende DGzRS ging es
vorrangig darum, an den gefährlichen Küsten der
Nord- und Ostsee Rettungsgeräte zu stationie-
ren. Je nach Küstenverhältnissen wurden Raketen mit Hosenbojen oder Ruderrettungsboote in
Bereitschaft gehalten. Und entgegen allen Prog-
nosen bereitete es keine Mühe, für das Rettungswerk Freiwillige in den Küstenorten und auf den
Inseln zu finden, die bereit waren, auch ihr Leben
zu riskieren.

Ein Vierteljahrhundert nach Gründung der Gesellschaft, 1890, standen zwischen Borkum im Westen
und Memel im Osten nicht weniger als 111 Rettungsstationen zur Verfügung, geleitet durch ein
geschicktes Organisationsnetz, das von der
DGzRS-Verwaltung in Bremen bis zu den Bezirks-
und Ortsvereinen hinunterreichte. Deren Vorstände
waren in der Regel Kapitäne oder andere Seefahrer
höherer Ränge, welche die „See bedankt", die sich
also zur Ruhe gesetzt hatten. Von Anfang an
begründete sich das Rettungswerk auf Zuwendun-
gen aus Kreisen der Seefahrt, aus Mitgliedsbeiträ-
gen, Sammlungen, Spenden und Bußgeldern.

Auf alten Bildern kann man sie noch sehen, die roten Ziegelsteinschuppen mit den großen Toren unter dem Hansekreuz an der Küste und in der Dünenwildnis der Ost- und Nordfriesischen Inseln, davor die Mannschaften, seebefahrenes „knorriges Friesengewächs" mit dem Südwester auf dem Kopf und der breiten Korkweste vor der Brust. Die alten Fotos halten fest, wie die Männer mit den Rettungsbooten durch die Brandung ausfuhren oder mit dem Raketenwerfer gegen Wind und Sandflug durch die Dünen hasteten. Nicht wenige Familien an der Nordseeküste sind heute noch stolz, dass Vater oder Großvater Vormann, also Führer eines Rettungsboots, war, und bewahren in Schatullen Rettungsmedaillen auf.

Die Ruderrettungsboote, die in den ersten Jahrzehnten des Rettungswerkes zum Einsatz kamen, waren zwar durch eingebaute Lufttanks gegen das Sinken geschützt, doch die Besatzungen, meist acht Mann an den Riemen, geführt vom Vormann, saßen im offenen Boot und befanden sich so in der unmittelbaren Auseinandersetzung mit Wetter, Wind und Wellen. Und wie dramatisch und gefährlich solche Rettungseinsätze verlaufen konnten, beweisen Berichte aus jener Zeit.

Am 29. Oktober 1890 strandete während des Vormittags am Roten Kliff bei Wenningstedt auf Sylt das englische Segelschiff „Reintjedina", das Tonröhren von Dundee nach Harburg bringen sollte. Die vierköpfige Besatzung rettete sich hinauf in die Takelage des Vordermastes und band sich dort fest.

Sofort nach Bekanntwerden der Strandung wurde der Raketenwerfer zum Kliff gebracht, aber bei dem fliegenden Sturm mussten 30 Raketen abgeschossen werden, ehe eine Leine am Wrack festhing. Bei inzwischen einbrechender Dunkelheit rettete sich zuerst der Koch mittels eines Blocks, also einer Rolle mit Haken, über die Leine an Land. Aber als der Steuermann das gleiche Manöver versuchte, riss die Leine, und der Unglückliche konnte nur noch als Leiche an Land geholt werden. Dann brach die Nacht herein und bereitete allen Rettungsversuchen zunächst ein Ende, zumal die letzte Rakete verschossen war. Anderntags bot sich das gleiche Bild. Das Ruderrettungsboot von List konnte nicht zu Wasser gebracht werden, weil die Brandung zu mächtig

Die ganze Dramatik der Strandungsfälle wird durch Heimat- oder Namenlosenfriedhöfe dokumentiert, die es auf etlichen Nordseeinseln gibt. Hier liegen ertrunkene Seeleute begraben, die am Strand gefunden wurden, deren Namen aber nicht mehr zu ermitteln waren. So steht auf den Kreuzen nur das Datum des Fundtages, wie hier auf dem Heimatlosenfriedhof von Amrum.

Gedenkstein auf dem Heimatlosenfriedhof Pellworm unter der Turmruine der Alten Kirche. Er wurde gesetzt für 15 junge Schweden, die in ihrer Freizeit ein Wikingerschiff gebaut hatten und damit nach Frankreich und England fahren wollten. Am 22. Juni 1950 gerieten sie nahe Helgoland in einen fürchterlichen Sturm und verloren ihr Leben. Teile des gescheiterten Wikingerschiffes „Ormen Friske" trieben auf den Seesänden vor Pellworm und den Halligen an. Ein Stück davon wurde nach Pellworm befördert und lag hier jahrelang auf der Warft Schütting gleich hinter dem hohen Seedeich.

war, und die Hoffnung auf Rettung der beiden schon seit 30 Stunden im Mast hängenden Schiffbrüchigen sank auf den Nullpunkt. Schweigend stand eine Menschenmenge auf dem hohen Kliff und starrte hilflos auf den Schauplatz der Tragödie.

Erst am folgenden Morgen gelang es einer todesmutigen Besatzung, mit dem Westerländer Badeboot das Wrack zu erreichen und die beiden Seeleute aus dem Mast zu bergen. Der Schiffsjunge Miller lebte noch, aber Kapitän Edmund Reid war kurz vor der Rettung den zweitägigen Strapazen erlegen.

Kapitän und Steuermann sollten nicht die einzigen Opfer dieser Tragödie bleiben. Im Zusammenhang mit dem Strandungsfall verunglückte das Amrumer Rettungsboot, wobei zwei Familienväter ihr Leben verloren: Weil die Rettungsaktionen von Sylt aus zunächst misslangen, hatte der Westerländer Postinspektor telegrafisch die Amrumer Station alarmiert, und dort zögerte man trotz der Entfernung – von der Station Nord bei Norddorf bis Wenningstedt sind es etwa 20 Seemeilen – nicht, mit dem Ruderrettungsboot „Theodor Preußer" in See zu gehen.

Nachdem sich die Besatzung durch die hochgehende See bis unter Hörnum gearbeitet hatte und die größte Gefahr überwunden schien, sollte Kurs nach Norden gesetzt werden, als plötzlich über eine Untiefe eine Grundsee aufsteilte, quer in das Rettungsboot lief und es zum Kentern brachte. Alle Männer wurden herausgeschleudert und wären wohl verloren gewesen, wenn sich das

Boot durch einen glücklichen Umstand nicht wieder aufgerichtet hätte. So gelang es einigen Rettungsleuten, das Boot wieder zu entern und die nahebei treibenden Kameraden sowie einige Riemen aufzufischen. Aber zwei Männer waren schon weit abgetrieben, der eine hing wohl schon tot in seiner Korkweste – er war offenbar vom kenternden Boot erschlagen worden, während der andere noch um Hilfe winkte. Aber das randvoll mit Wasser gefüllte Boot war kaum manövrierfähig, und für den Abgetriebenen gab es keine Rettung.

Mit ihren Südwestern schöpften die Überlebenden einen Teil des Wassers aus dem Boot und arbeiteten dann mit vier Riemen einige Stunden, um die etwa vier Seemeilen entfernte Sylter Südspitze Hörnum zu erreichen. Damals war Hörnum noch unbewohnt, und einige jüngere Leute der Amrumer Rettungsmannschaft eilten zu dem über zehn Kilometer entfernten Dorf Rantum, um Hilfe zu holen, während die anderen mit müden Schritten, völlig durchnässt und bedrückt über den Tod der beiden Kameraden, folgten.

Die beiden Verunglückten, Jens Peter Bork und Theodor Flor, die in Norddorf Witwen mit insgesamt zwölf Kindern hinterließen, trieben später bei Nørre Vorupør an der nordjütländischen Küste an, wo sie mit allen Ehren beerdigt wurden. Noch heute steht dort auf dem heidebewachsenen Friedhofshügel ein Grabstein. Die Hinterbliebenen wurden durch eine kleine Rente seitens der Deutschen Gesellschaft zur Rettung Schiffbrüchiger getröstet, und die beiden Witwen wurden von vielen anderen Seemannswitwen beneidet, waren sie doch die einzigen, die eine finanzielle Unterstützung erhielten.

In die Geschichte eingegangen ist auch die Todesfahrt des Rettungsbootes „Vegesack" der Station Horumersiel Anfang Dezember des Jahres 1909. Bei schwerem Sturm rettete das Boot zuerst die Besatzung der holländischen Tjalk „Ora et Labora" und anschließend zwei Mann der deutschen Tjalk „Ettina". Bei dem Südweststurm mit Orkanböen konnte das Rettungsboot aber nicht nach Horumersiel zurückkehren, sodass sich der Vormann Heinrich Tjarks entschloss, das Watt nahe der Sandinsel Minsener Oldeoog anzusteuern, denn dort konnte man landen und zu Fuß bis zum Ort Schillig laufen.

In der Dunkelheit ging jedoch die Orientierung verloren, und plötzlich geriet die „Vegesack" in eine Brandung, die das Boot voll Wasser schlug. Wie durch ein Wunder konnten sich alle an Bord festhalten, bis das Boot aus der Brandung herausgekommen war. Aber nun trieb es mit dem Ebbestrom seewärts, sodass Anker geworfen werden musste. Man musste die Flutzeit abwarten, um mit dem Flutstrom zum Land zu gelangen.

Völlig durchnässt stehen die Rettungsmänner und die Schiffbrüchigen in der Dezemberkälte im Boot, und die Stunden verrinnen. Zuerst stirbt der Säugling an der Brust der Kapitänsfrau, wenig später die Frau selbst. Für kurze Zeit kommt Hoffnung auf, als die Lichter des Linienschiffes „Kurfürst Wilhelm Friedrich" über die See streichen, um nach dem Rettungsboot zu suchen, aber dann wendet

sich das Schiff und entschwindet – die „Vegesack" kann keine Signale mehr geben, um auf sich aufmerksam zu machen, weil die entsprechenden Gerätschaften nass oder über Bord gegangen sind. Bis Mitternacht muss auf die Flut gewartet werden. Aber schon vorher ist das Ableben des holländischen Kapitäns zu beklagen, der seit dem Tod seines Kindes und seiner Frau kein Wort mehr gesagt hat. Ihm folgt der Kapitän der „Ettina", und bald darauf sterben auch der Jüngste des holländischen Schiffes und der Bestmann der deutschen Tjalk an Erschöpfung und Unterkühlung.

Vier Riemen sind noch im Rettungsboot, als sich der Flutstrom aufs Land richtet und die mit 16 Menschen, Lebenden und Toten, beladene „Vegesack" nach Kappen des festgeratenen Ankers in Bewegung kommt. Stundenlang wird hart gerudert – dann taucht ein Brandungssaum auf, an einer Buhne des Minsener Oldeoogs! Zwölf Stunden ist das Rettungsboot unterwegs, als es nun an der Buhne entlang auf die hohe Bake der Sandinsel zusteuert. Gerettet!

Links: Das Auswandererschiff „Johanne", gestrandet bei Spiekeroog am 6. November 1854: Fast 80 Tote waren zu beklagen, die Überlebenden wurden mit Booten vom Inselstrand aus geborgen. Gemälde von H. Sanders, Spiekeroog.

Rechts: Die Toten des Auswandererschiffes „Johanne" fanden in einem Dünental östlich des Dorfes Spiekeroog ihre letzte Ruhestätte. Später wurde ein Gedenkstein mit Kreuz und Gedenktafel aufgerichtet. Heute ist der Ort um diese kleine Stätte, den „Drinkeldodenkarkhoff", herumgewachsen.

Zu den ersten Rettungsmitteln gehörten stabil gebaute Ruderboote, die von der Besatzung gerudert und mit kurzem Mast auch gesegelt wurden. Durch Einbau von Lufttanks waren sie gegen Sinken geschützt, erforderten bei einem Einsatz aber fast immer von den Rettungsmännern auch den Einsatz des Lebens.

Aber nicht alle. Die Besatzung der „Vegesack" und der einzige noch lebende Schiffbrüchige, der Holländer Smit, drängen sich aneinander, um sich zu wärmen, sie können aber nicht verhindern, dass der Rettungsmann Behrens unmittelbar nach der Landung stirbt. Erst bei Tagesanbruch werden die Überlebenden entdeckt und geborgen, während das in der Nacht weggetriebene Rettungsboot mit den Leichen östlich von Helgoland von einem Fischdampfer aufgenommen wird.

Nicht nur in der Zeit der Ruderrettungsboote haben Rettungsmänner ihr Leben verloren. Einer der bisher letzten großen Unglücksfälle ereignete sich in der Nacht des 23. Februar 1967. Bei schwerem Orkan gerieten auf der Nordsee zahlreiche Schiffe in Seenot und verunglückten. Dazu

gehörte auch der holländische Kutter „Burge-
meester van Kampen", der nördlich von Helgoland
zu sinken begann und SOS funkte. Der Helgoländer Rettungskreuzer „Adolph Bermpohl", Vormann Paul Denker, lief aus und erreichte den Kutter noch vor dem Untergang. Um die Schiffbrüchigen zu bergen, wurde das Tochterboot ausgesetzt,
und es gelang auch, die Holländer zu übernehmen, wie ein letzter, kurz nach 18 Uhr ausgesand-
ter Funkspruch belegt. Was dann weiter geschah,
lässt sich nur vermuten. Der Seenotkreuzer mel-
dete sich nicht mehr und reagierte auch nicht auf
Anrufe der UKW-Zentrale. Schlimme Ahnungen
kamen auf, die am nächsten Tag zur Gewissheit
wurden. Zwischen Elbe und Eider wurde der Seenotkreuzer, quer zu den Wellen in der unverändert
stürmischen See schlingernd, gefunden – ohne
Besatzung und ohne die vermeintlich geretteten
Schiffbrüchigen, aber mit noch laufendem Motor.
Am nächsten Tag wurde auch das kieloben treibende Tochterboot entdeckt.

In der späteren Untersuchung wurde die Vermu-
tung angestellt, dass die „Adolph Bermpohl" wohl
in der Nähe des Helgoländer Sellebrunn-Riffs in
eine Kreuz- oder Grundsee geraten sei. Sie sei
vermutlich gerade in dem Augenblick auf den
Seenotkreuzer gestürzt, als die unterkühlten und
vom Tod bedrohten Holländer aus dem Tochterboot an Deck genommen werden sollten. Vier
Rettungsmänner und drei holländische Seeleute
verloren bei diesem Manöver ihr Leben. Ihrer
wurde in einer eindrucksvollen Trauerfeier auf
Helgoland gedacht.

Ein See- und Rettungs-
mann in Ölzeug und mit
Südwester – den „Blanken
Hans" nicht fürchtend.

Ein ähnlicher Unfall ereignete sich in der Nacht des 2. Januar 1995, als der Borkumer Rettungskreuzer „Alfried Krupp" zu Seenotfällen gerufen wurde und in einer Grundsee durchkenterte. Die oben auf dem Führerstand arbeitenden Rettungsmänner, Vormann Bernhard Gruben und Maschinist Theo Fischer, wurden über Bord geschlagen und kamen ums Leben. Zwei weitere Besatzungsmitglieder konnten verletzt im havarierten Rettungsboot geborgen werden.

Über 40 Rettungsmänner haben seit dem Bestehen der Deutschen Gesellschaft zur Rettung Schiffbrüchiger ihr Leben verloren. Auf der Habenseite des ungeschriebenen Buchs aller Strandungsfälle und Rettungseinsätze stehen über 50 000 Seeleute und Schiffspassagiere, die aus unmittelbarer Lebensgefahr oder aus Seenot gerettet wurden. Jede Station auf den Inseln und an der Festlandsküste hat „ihre" Geschichte von einem Einsatz zu erzählen, der in den Jahrbüchern der Deutschen Gesellschaft zur Rettung Schiffbrüchiger verewigt worden ist. Nur einige wenige Beispiele können im Folgenden wiedergegeben werden.

Als man am 21. Dezember 1870 auf Langeoog gerade die Leiche eines am Strand angetriebenen schottischen Kapitäns bestattete, ertönte der Ruf: „Schipp op Strand!" Sofort eilten die Rettungsmänner zum Bootsschuppen und brachten den von sechs Pferden gezogenen Bootswagen zur Küste. Bei schwerer See kämpften sie sich zum gestrandeten Schiff, der Stralsunder Bark „Tusnelda", durch, die auf der Robbenplate festgeraten war und von Brandung überschüttet wurde. 13 Menschen, darunter eine Frau, drängten sich auf dem Bug zusammen und winkten verzweifelt um Hilfe. Trotz der ungünstigen Lage gelang es dem Rettungsboot, die Schiffbrüchigen zu übernehmen. Aber nicht weniger schwierig war die Rückfahrt mit den Geretteten bei Schneesturm und Eisgang. Nur wenige Stunden nach der Rettung war die Bark von der Brandung zerschlagen. Die Schiffbrüchigen wurden dann am ersten Weihnachtstag von Insulanern über das Eis zum Festland gebracht. Der Kapitän und seine Frau mussten noch ein zweites Mal gerettet werden, als sie unter der Führung von Langeoogern in der ersten Januarwoche über das Eis wollten, denn es begann plötzlich zu treiben. So ging es ein paarmal mit den Gezeiten hin und her, bis die Unglücklichen am nächsten Tag entdeckt und von einem Boot aus Neuharlingersiel geborgen wurden. Neben Ruderrettungsbooten waren auf verschiedenen Inseln auch Raketenwerfer stationiert. Insbesondere auf Sylt wurden mittels Hosenboje zahlreiche Seeleute gerettet. Am 7. Dezember 1895 strandete bei orkanartigem Sturm bei Kampen der dänische Schoner „Thyra". Sofort wurde der Raketenapparat durch die Dünen zum Strand befördert. Gleich mit der ersten Rakete gelang es, eine Verbindung herzustellen und die aus sechs Personen bestehende Besatzung an Land zu holen. Am 28. November 1951 strandete auf dem Möwensteert nahe Borkum der britische Dampfer „Teeswood". In einem dramatischen Einsatz konnte das Motorrettungsboot „Borkum" 13

Folgende Doppelseite: Erst seit Mitte des 20. Jahrhunderts liegen sturmtüchtige Seenotkreuzer auf den Stationen der Deutschen Gesellschaft zur Rettung Schiffbrüchiger an Nord- und Ostseeküsten. Sie haben zusammen mit den historischen Rettungsmitteln – Leinenraketen, Ruderrettungsboote – seit der Gründung der DGzRS im Jahre 1865 bis dato über 84 000 Menschen aus Seenot gerettet.

Vorangehende Doppelseite: Die Strandung des Holzfrachters „Pallas" Ende Oktober 1998 auf einer Untiefe westlich von Amrum war der bisher größte und spektakulärste Fall an deutschen Küsten. Nachdem die 17-köpfige Besatzung schon nördlich von Sylt durch Marinehubschrauber aufgenommen worden war, gelang es nicht, das brennende Schiff nach Cuxhaven zu schleppen. Besonders tragisch: Durch austretendes Öl verloren über 5000 Seevögel ihr Leben.

Schiffbrüchige retten, wobei das Rettungsboot selbst in Gefahr geriet und schwer beschädigt wurde; zwei Mann der „Teeswood" wurden von der fürchterlichen Brandung über Bord geschlagen. Diese Rettungstat war eine der kühnsten in der Geschichte der Rettungsgesellschaft und wurde seitens der DGzRS und des britischen Konsuls mit hohen Auszeichnungen bedacht.

Noch größer war die Zahl der Geretteten, als am 31. Juli 1964 der unter libanesischer Flagge fahrende Erzfrachter „Pella" westlich von Amrum strandete. Nachdem der griechische Kapitän zunächst die Hilfe des Amrumer Rettungsbootes „Bremen" abgelehnt hatte, funkte die „Pella" am nächsten Tag SOS, als das Schiff in der hochgehenden See mittschiffs durchbrach. In 20 Anläufen gelang es dem Vormann Tadsen und seiner Besatzung, die 25 Mann von der „Pella" in Sicherheit zu bringen. Das Rettungsboot „Bremen" war der Prototyp der bald darauf entstehenden Flotte von Seenotrettungskreuzern mit dem typischen, noch heute üblichen Turmaufbau.

Der größte Strandungsfall mit Totalverlust an deutschen Küsten ereignete sich am 29. Oktober 1998 auf einer Untiefe westlich von Amrum. Tage vorher war der fast 10 000 Bruttoregistertonnen große Holzfrachter „Pallas" auf der Fahrt von Schweden nach Marokko in dänischen Gewässern nördlich von Sylt in Brand geraten. Es gelang dem polnischen Kapitän Stepien nicht, den Brand zu löschen, sodass die 17-köpfige Besatzung das Schiff verlassen musste. Deutsche und dänische Marinehubschrauber fischten die Männer in einer

dramatischen Rettungsaktion aus der nächtlichen und stürmischen Nordsee. Nun sollte das brennende Schiff nach Cuxhaven befördert werden, aber bei auffrischenden Winden brachen die Schlepptrossen, und schließlich geriet die „Pallas" auf Grund. Vergebens versuchten dann starke britische Schlepper, das Schiff von der Sandbank zu ziehen – mit dem „Erfolg", dass eine Bordwand einknickte und ein Treibstofftank beschädigt wurde. Der austretende Treibstoff – es sollen etwa 15 Tonnen Schweröl gewesen sein – trieb als quadratkilometergroßer Ölfilm Richtung Amrum und Föhr und verursachte im Wattenmeer zwischen diesen beiden Inseln eine verheerende Ölpest, der um die 5000 Seevögel, vor allem Eiderenten und Trauerenten, zum

Sände und Untiefen an der Nordseeküste sind unzähligen Schiffen zum Verhängnis geworden. „Ondo" und „Fides" strandeten im Dezember 1961 beziehungsweise im Januar 1962 auf dem Großen Vogelsand vor der Elbmündung, die hier abgebildete „Pella", beladen mit Eisenerz, Ende Juli 1964 im Rütergat nahe Amrum.

Die fast 40 Kilometer lange Westküste von Sylt hat viele Strandungsfälle erlebt, zuletzt noch im Oktober 1991, als der Küstenfrachter „Dina" bei Rantum durch einen Sturm auf den Strand gesetzt wurde. In einer aufwendigen Bergungsaktion konnte das Schiff über einen ausgebaggerten Kanal wieder flottgemacht werden.

Opfer fielen. Erst am 18. November 1998 war die Hubplattform „Barbara" von Rotterdam aus zur Stelle, machte an der „Pallas" fest und pumpte aus den noch unbeschädigten Treibstofftanks das dort vorhandene Öl. Die Luken wurden dann mit Spezialstoffen verfüllt, um eine weitere Verseuchung des Meeres zu verhindern. Insgesamt verursachte dieser bisher größte Strandungsfall an deutschen Küsten Kosten von rund 28 Millionen Mark, wovon die in Italien ansässige Reederei entsprechend internationalen Regeln nur 3,3 Millionen DM erstattete, der Rest aber dem deutschen Steuerzahler zur Last fiel. Zuletzt wurden noch einmal Millionen aufgewendet, um die ausgebrannte Kommandobrücke abzuschweißen und die „Pallas" mit Rücksicht

auf den Fremdenverkehr optisch zu beseitigen –
obwohl das Wrack umgekehrt längst zu einer
Attraktion geworden war und von allen Seiten mit
Inselgästen beladene Ausflugsschiffe zur Stran-
dungsstelle fuhren. Und entgegen allen Regeln
über das Einsacken und Verschwinden gestran-
deter Schiffskörper ist das Wrack der „Pallas"
unverändert vorhanden. Der „Blanke Hans" hat
die Beerdigung vergessen!

Friedhöfe
der
Ertrunkenen

Die mitleidslos das Meer geraubt und die das
Meer gab wieder – hier legten sie ihr bleiches
Haupt, von Wellen triefend nieder ...", so heißt es
in den Versen des Oberhofpredigers Kögel über
den Friedhof für ertrunkene und namenlos an den
Strand gespülte Seeleute in Westerland auf Sylt.
„Namen- oder Heimatlosenfriedhof" werden die
letzten Ruhestätten für Strandleichen auf den
Nordfriesischen Inseln, „Drinkeldodenkarkhof",
Kirchhof der Ertrunkenen, auf den Ostfriesischen
Inseln genannt. Sie lagen und liegen außerhalb
der eigentlichen Inselfriedhöfe, einige auch in
den Dünen, von Wind und Halm umrauscht oder
vom Sanddorn umwuchert.
Sehr oft waren Strandungsfälle in älterer Zeit verbunden mit dem Tod von Schiffbrüchigen und
Schiffspassagieren. Und immer wieder trieben
auch Leichen von weither an die Inselstrände. In
früheren Jahrhunderten wurden die Toten des
Strandes einfach hinter der nächsten Düne begraben. So war man der Kosten und sonstiger
Umstände ledig. Im 17. Jahrhundert erließ die Landesherrschaft jedoch die Verordnung, dass eine
Beerdigung auf „christliche Weise" auf dem jeweiligen Inselfriedhof zu erfolgen habe. Die Kosten für
Sarg und Grab mussten die Strandvögte tragen, sie
konnten zur Deckung jedoch eventuell vorhandene
Wertgegenstände aus den Taschen der Leichen
oder – wenn die Toten aus einem Strandungsfall
stammten – die Bergungsprämien für Wrack und
geborgene Schiffsgüter verwenden. Weil es für die
Strandvögte aber nach wie vor am billigsten war,
Strandleichen an Ort und Stelle zu begraben,

Der Westerländer Strand-
inspektor Wulf Hansen
Decker richtete 1855 einen
Friedhof für ertrunkene
Seeleute ein, die am Sylter
Strand antrieben.Die
Kreuze auf den Gräbern der
Ertrunkenen nennen nur
den Fundort sowie den Tag
des Fundes, weil andere
Daten nicht zu ermitteln
waren.

wurde anno 1812 bestimmt, dass die Beerdigungs-
kosten für Strandleichen, die nicht durch bei ihnen
gefundene Wertgegenstände gedeckt waren, von
der Königlichen Kasse zu tragen waren.

Als sich dann Anfang des 19. Jahrhunderts durch
die Seefahrt das Gelbfieber und andere tropische
Seuchen verbreiteten – auch die inselfriesischen
Seefahrer waren davon betroffen –, wurden aus
Furcht vor solchen Krankheiten besondere Ver-
ordnungen über die Behandlung von Strandleichen erlassen. Die Folge war, dass nun erneut die
Toten des Strandes ohne viel Aufhebens dort
begraben wurden, wo man sie fand. So jedenfalls
geschah es auf den Nordfriesischen Inseln, und
an den Küsten Ostfrieslands wird es nicht anders
gewesen sein.

„Die Leichen, welche an unseren Strand antrieben, sind seit undenklichen Zeiten nicht mehr auf die Kirchhöfe gebracht, sondern wo selbige gefunden wurden, in einer Dünenschlucht verscharrt worden, gleich wie Kadaver von tierischen Körpern ohne Sarg, was mir immer sehr zu Herzen ging", schrieb der Westerländer Strandinspektor Wulf Hansen Decker im Jahre 1855 und wunderte sich, „dass man das Quarantänegesetz als Hemmschuh einer ordentlichen Beerdigung höheren Ortes nicht so modifizierte, dass solche Berufsbrüder und größtenteils Christenmenschen nicht feierlicher begraben werden können". Der Strandinspektor, der die Oberaufsicht über die Sylter Strandvögte führte und bei Strandungsfällen die Rettung der Schiffbrüchigen und die Bergung von Schiff und Ladung leitete, richtete dann im gleichen Jahr einen eigenen Friedhof für Strandleichen am Dünenrand südlich von Westerland ein.

Einen eigenen Friedhof für Strandleichen gab es in jener Zeit schon auf Borkum, während auf Juist die Strandleichen links der Kirche auf „christliche Weise" begraben wurden. Über die Behandlung von Strandleichen auf Norderney heißt es um die Mitte des 19. Jahrhunderts, dass die „Drinkeldoden in älterer Zeit ohne Sang und Klang unweit der Fundstelle eingescharrt wurden, wenn sie kein Geld oder Kleinodien bei sich hatten". Später erfolgte die Beerdigung neben dem Kirchhof, jetzt aber auf Kosten der Gemeinde, „in derselben Weise, wie man einheimische Leichen zur Erde bestattet". Der Drinkeldodenkarkhof auf Spieker-

oog entstand im Zusammenhang mit der an
anderer Stelle erwähnten Strandung des Auswandererschiffes „Johanne" am 6. November
1854, bei der 77 Menschen den Tod gefunden hatten. Fünf Jahre nach der Katastrophe, zu Anfang
des Jahres 1859, stellte man ein eisernes Kreuz
auf dem Friedhof auf, das 1932 durch eine Tafel
mit folgender Inschrift ergänzt wurde:

„Zum Andenken an die
bei der Strandung
des Schiffes Johanne
Capt. Oldejans.
am 6t. Novembr. 1854
Verunglückten.
Ferne von ihrer
Heimath
fanden sie hier
ihre letzte Ruhestätte."

Das mehrfach erneuerte Kreuz ist dann später
mit Anker und Ankerkette geschmückt worden,
und der Friedhof in den Dünen von Spiekeroog
hat in der Folgezeit zu den „Johanne"-Opfern
noch über 30 weitere Strandleichen aufgenommen. Man findet ihn als kleines Gehege am
Ostrand des Dorfes.
Wie schon erwähnt, wurde der „Heimatlosenfriedhof" bei Westerland auf Sylt 1855 von
Strandinspektor Wulf Hansen Decker angelegt.
Alte Fotografien zeigen eine Ruhestätte auf
freiem Felde im Windlee hoher Stranddünen,
umgeben von einem hohen Wall aus Feldsteinen

und Findlingen. Über dem schwarz gestrichenen Tor – damals an der Nordseite – befand sich eine Tafel mit Goldbuchstaben:

„Heimat für Heimatlose
Offenbarung Johannis 14,13"

Die erste Leiche trieb am 3. Oktober 1855 an, offenbar ein englischer Seemann, wie man anhand der Tätowierungen feststellte. Die Leiche wurde in einen nach üblicher Sitte geschwärzten Sarg gelegt und am folgenden Tag „unter feierlichem Gesang und vorangegangener Parentation [Trauerrede] beerdigt ..., wozu sich eine Menge Leute eingefunden hatten", notierte der Strandinspektor.

Der Westerländer Heimatlosenfriedhof lag weit außerhalb des Friesendorfes. Längst ist die Stadt rundum gewachsen, der Friedhof aber immer noch ein kleiner, grüner Garten. Der Heimatlosenfriedhof ist als solcher längst geschlossen. Heute gelingt fast immer die Identifizierung der Strandleichen und die Überführung in den Heimatort.

165

Der Westerländer Heimatlosenfriedhof nahm die Toten des Strandes von Hörnum, Rantum und Westerland auf. Er wurde im ganzen Deutschen Reich bekannt, als 1888 Königin Elisabeth von Rumänien, als Dichterin auch unter dem Namen Carmen Sylva bekannt, einen Gedenkstein stiftete und der schon genannte Oberhofprediger Dr. Rudolf Kögel ein Gedicht verfasste, das in einer Urkunde am Fundament des Gedensteines eingemauert wurde. Der letzte Vers lautet „In Gedenken an die fernen Witwen und Waisen" und ist in den Gedenkstein eingraviert:

„Wir sind ein Volk vom Strom der Zeit
Gespült zum Erdeneiland
Voll Unfall und voll Herzeleid
Bis heim uns holt der Heiland.
Das Vaterhaus ist immer nah,
Wie wechselnd auch die Loose
Es ist das Kreuz von Golgatha
Heimat für Heimatlose."

Bis 1905 hat der Friedhof die Toten des Strandes aufgenommen; auf Kreuzen sind das Fundament und der Fundort zwischen Hörnum und Westerland notiert. Der Badeort hatte sich zu diesem Zeitpunkt schon bis zum Friedhof ausgedehnt, und in der Folgezeit wurden Strandleichen auf dem regulären Friedhof von Westerland begraben, wo die Funddaten in Steine eingemeißelt sind.
Der erste Stein trägt unter der Inschrift „Heimstätte für Heimatlose" die Funddaten von 48 im

Zeitraum von 1907 bis 1931 gefundenen Strandleichen; 30 stammen vom Rantumer, 18 vom Westerländer Strand. Und auch auf diesem Stein
steht der letzte Vers des Kögel'schen Gedichtes,
ferner der Spruch: „Die Erde ist überall des
Herrn."

Der zweite Stein nennt die Funddaten von 13
Toten, die zwischen 1938 und 1950 ange-
schwemmt wurden, acht am Rantumer, fünf am
Westerländer Strand; außerdem ist der zweite
Vers des Gedichts von Oberhofprediger Rudolf
Kögel eingemeißelt.

Die letzte Beerdigung fand am 26. Juli 1950 statt.
Seitdem hat es wohl noch Strandleichen gegeben, doch die Identifizierungsmethoden waren
inzwischen so perfektioniert, dass Herkunft und
Namen der Toten ermittelt werden konnten und
eine Überführung der Leiche in den Heimatort
möglich war.

Ein weiterer Heimatlosenfriedhof entstand 1865
in den Dünen von List, wo bis 1886 15 Strandleichen ihre letzte Ruhestätte fanden. Streitigkeiten
zwischen den Listlandbesitzern und der Regie-
rung über die Unterhaltungskosten führten jedoch
zur Stilllegung des Friedhofes, und fortan wurden
die Toten des Strandes – wie auch jene von den
Bezirken Wenningstedt und Kampen – auf dem
Keitumer St.-Severin-Friedhof begraben.

Auf Amrum wurden Strandleichen in der zweiten
Hälfte des 19. Jahrhunderts in der Nordwestecke
des St.-Clemens-Friedhofes in Nebel begraben.
Sie blieben namenlos und ohne Grabschmuck,
auch wenn Herkunft und Namen bekannt waren,

Folgende Doppelseite:
Orkanflut auf dem
Friedhof der Hallig Hooge.
Die Brandung hat alle
Grabsteine auf den Grä-
bern erfasst und umge-
worfen. Nur das schlichte
Holzkreuz für Heimatlose
hält dem Wüten der Nord-
see stand. Unter diesem
Kreuz wurden drei tote
Mariner begraben, die
nach der Skagerak-
Schlacht 1916 hier antrieben.
Der Halligpastor B. Speck
machte diese Aufnahme
bei der schweren Sturm-
flut am 3. Januar 1976 –
eine Sturmflut am Tage.
Alle anderen waren
nachts.

wie beispielsweise bei Frau und Kind des französischen Kapitäns, dessen Schiff „Fenelon" am 6. November 1868 strandete, wobei neben den Genannten noch ein Matrose ertrank, aber sieben Mann, darunter der Kapitän, gerettet werden konnten. Zuletzt wurden Ende November 1903 neun Seeleute der schwedischen Bark „Ilma", die am 24. des Monats vor Amrum verunglückt waren, an gleicher Stelle ohne nähere Kennzeichnung begraben. Erst 1906 wurde der Amrumer Heimatlosenfriedhof angelegt.

Die erste Beerdigung fand am 23. August 1906 statt, und seitdem hat der von Findlingswällen und Fliedergebüsch umgebene Totenacker 32 weitere Strandleichen aufgenommen. Die letzte Beerdigung erfolgte 1969. Etliche Tote sind nach der Bestattung wieder ausgegraben und – nach Ermittlung des Namens – in den Heimatort überführt worden, zumal in den letzten Jahrzehnten. Zwei Kreuze sind für den 28. September 1954 gesetzt. Hier liegen, ohne namentlich bekannt zu sein, zwei Angehörige einer schwedischen Studentenmannschaft, die im Sommer 1950 mit dem originalgetreu nachgebauten Wikingerschiff „Ormen Friske" nach Frankreich und England fahren wollten, aber nahe Helgoland verunglückten. Zwei Skelette, durch Tauwerk miteinander verbunden, trieben vier Jahre später auf Amrum an. An die Unglücksfahrt des Wikingerschiffes erinnert auch ein Gedenkstein auf dem 1895 angelegten Heimatlosenfriedhof von Pellworm. Von den 15 Toten dieser Fahrt trieben fünf am Deich der Insel an und wurden im Schatten der alten Turmruine begraben. Der Gedenkstein zeigt ein Wikingerschiff und eine Tafel mit den Namen der Verunglückten.

Eine Erwähnung verdient auch der Heimatlosenfriedhof auf der Düne von Helgoland. Hier wurden die unbekannten Strandleichen nach Seemannsart in Segeltuch eingewickelt und begraben. Knorrige Balken eines bei Helgoland gestrandeten Segelschiffes tragen eine Glocke, die im März 1952 von Bockenem im Harz anlässlich des Wiederaufbaus der als Bombenübungsziel zerschundenen Insel gestiftet wurde. Und ringsum blühen Stranddisteln und Sandrosengebüsch, der Strandhafer wiegt sich im Wind, und am nahen Strand rauscht die See.

Ortsregister

Bildnachweis

Titelfoto: Mit enormer Wucht treffen meterhohe Wellen auf die Ufermauer. Nur ganz Mutige wagen sich in die Nähe der gegen die Küste brandenden Wassermassen.

Alle Fotos Georg Quedens, Norddorf/Amrum, außer: 8/9, 127, 158 Syltbild Stöver, Wenningstedt; 18 o. Nordfriesland Museum Nissenhaus, Husum; 24, 86/87 Behörde für Stadtentwicklung und Wohnen, Hamburg; 28/28 Eckhard Jäger Langeneß, Bielefeld; 30, 59, 96/97 Archiv Ellert & Richter Verlag, Hamburg; 49 o. Archiv Reinhold W. Feldmann, Borkum; 49 u., 91 Stadtarchiv Norderney; 90 Inselarchiv Wangerooge; 100 Foto Knechties, Husum; 126 Sylter Archiv, Westerland; 135 Kai Quedens, Amrum; 168/169 B. Speck, Hallig Hooge

Bibliografische Information der Deutschen Nationalbibliothek
Die Deutsche Nationalbibliothek verzeichnet diese Publikation in der Deutschen National-bibliografie; detaillierte bibliografische Daten sind im Internet über http://dnb.d-nb.de abrufbar.

ISBN 978-3-8319-0760-1

© Ellert & Richter Verlag GmbH, Hamburg 2020

Text: Georg Quedens, Norddorf/Amrum
Redaktion: Sophie Niemann, Hamburg
Gestaltung: BrücknerAping Büro für Gestaltung GbR, Bremen
Gesamtherstellung: Opolgraf S.A., Opole/Polen

www.ellert-richter.de
www.facebook.com/EllertRichterVerlag